Romo Schmidt · Fehler und Irrtümer in der Pferdehaltung · Klargestellt

Romo Schmidt

Fehler und Irrtümer in der Pferdehaltung

KLAR GESTELLT

Müller Rüschlikon

Einbandgestaltung: Medienfabrik
Titelfoto und Foto auf der Umschlagrückseite: Birgit van Damsen

Fotos: Alle Fotos stammen von Birgit van Damsen

Alle Angaben in diesem Buch wurden nach bestem Wissen und Gewissen gemacht. Sie entbinden den Pferdehalter nicht von der Eigenverantwortung für sein Tier. Für einen eventuellen Missbrauch der Informationen in diesem Buch können weder der Autor noch der Verlag oder die Vertreiber des Buches zur Verantwortung gezogen werden. Eine Haftung für Personen-, Sach- und Vermögensschäden ist ausgeschlossen.

ISBN 978-3-275-01665-5

Postfach 103743, 70032 Stuttgart
Ein Unternehmen der Paul Pietsch Verlage Gmbh+Co
Lizenznehmer der Bucheli Verlags AG, Baarerstr. 43, CH-6304 Zug

1. Auflage 2008

Sie finden uns im Internet unter www.mueller-rueschlikon-verlag.de

Lektorat: Claudia König
Innengestaltung: Sabine Heüveldop, Dülmen
Druck und Bindung: Vychodoslovenske Tlaciarne JSC Kosice, 04267 Kosice
Printed in Slovak Republic

Inhalt

Vorwort

Pferde stehen seit mehr als 5000 Jahren unter menschlichem Einfluss, doch ihre Ansprüche an die Lebensbedingungen haben sich kaum verändert. Im Gegensatz zu ihren freilebenden Artgenossen haben domestizierte Pferde jedoch kaum Wahlmöglichkeiten. Ihr Leben wird in weiten Teilen vom Menschen vorgegeben: Er bestimmt den Lebensraum, das Nahrungsangebot, die Kontakte zu Artgenossen sowie die Aktivitäts- und Ruhephasen. Das Pferd ist also nahezu vollständig vom menschlichen Denken und Handeln abhängig und erweist sich hierbei als enorm flexibel. Diese Anpassungsfähigkeit wurde und wird noch immer vom Menschen ausgenutzt, um Pferde aus Bequemlichkeit und/oder wirtschaftlichen Gründen unter zum Teil artwidrigen Bedingungen zu halten. Die nachweislich negativen Folgen für ihre Gesundheit und Psyche äußern sich vielfach in Krankheiten oder Verhaltensstörungen, die dann wiederum kostspielig behandelt werden müssen oder gar zu vorzeitiger Unbrauchbarkeit führen.

Obwohl verhaltensgerechte Pferdehaltung immer mehr in den Vordergrund rückt, von Organisationen, Verbänden und in der Fachpresse mehr denn je propagiert wird und das Interesse der Pferdehalter an artgemäßer Haltung noch nie so groß war wie heute, liegt ausgerechnet in Punkto Pferdehaltung noch Vieles im Argen. Schuld an diesen teilweise riesigen Diskrepanzen zwischen dem arttypischen Verhalten der Pferde und den bestehenden Haltungsbedingungen, welche die elementaren Bedürfnisse des Pferdes ignorieren oder deren Wichtigkeit unterschätzen, sind neben der bereits erwähnten Bequemlichkeit und dem Sparen am falschen Ende vor allem weit verbreitete Irrtümer und längst widerlegte Klischees, die sich scheinbar hartnäckig halten. Aber auch noch immer vorhandene große Wissenslücken, Gedankenlosigkeit, Fehleinschätzungen, unbegründete Ängste und oftmals blindes Vertrauen in zweifelhafte »Hightech« oder zwielichtige Berater sind die wahren Ursachen für fehlerhafte oder defizitäre Pferdehaltung.

Dieses Buch möchte mithilfe aktueller Erkenntnisse aus der Verhaltensforschung Irrtümer aufdecken und festgefahrene Denk- und Handlungsschemata aufbrechen. Ziel ist es, praxisorientierte, leicht umsetzbare Haltungsverbesserungen zu eröffnen und den Weg für artgerechtere Haltungsperspektiven zu ebnen. Denn jeder kleine Schritt in die richtige Richtung kommt den Pferden zugute. Gewiss: Den ehemaligen Steppenbewohnern ursprüngliche Lebensräume bieten zu wollen, ist eine Illusion. Hierzu müsste man alle Türen, Tore und Zäune öffnen und die Hauspferde wieder auswildern. Zwar werden also domestizierte Pferde auch in Zukunft ein fremdbestimmtes, nicht-authentisches Leben führen, doch das Bemühen, dem naturgetreuen Lebensraum des Pferdes so nahe wie möglich zu kommen, sollte die erste Pflicht eines jeden verantwortungsbewussten Pferdehalters sein.

Über Mindesmaße und Platzverschwendung:

Warum gestehen wir unseren Pferden so wenig Raum zu?

Bevor auf die heutigen Gepflogenheiten hinsichtlich der zur Verfügung stehenden Flächen für Pferde in der Stallhaltung eingegangen wird, sollen diese zunächst in der frühen und mittleren Neuzeit (16. bis 18. Jahrhundert) in Deutschland beleuchtet werden, um Vergleiche anstellen und Entwicklungen aufzeigen zu können.

Bei der Recherche zu diesem historischen Exkurs stieß ich auf eine Doktorarbeit der tierärztlichen Hochschule Hannover (Silke Parras), in der die Geschichte der Pferdehaltung anhand des Fürstlichen Marstalls des Schlosses Anholt im Münsterland untersucht wurde.

Dabei wurden Fohlen und Zuchtstuten sowie Jungpferde bis zum vierten Lebensjahr nachweislich von Mai bis September auf Weiden und von Oktober bis April in Laufställen gehalten. Hierbei nahmen die adligen Pferdezüchter die Dienste von Pachtbauern nahe gelegener bäuerlicher Höfe in Anspruch. Die Fohlenhaltung in Anholt wurde übrigens ähnlich gehandhabt wie im Haupt- und Landgestüt Marbach gegen Ende des 17. Jahrhunderts. Dort kamen die Tiere im Sommer nachts in den Laufstall. Wenn die Nächte länger wurden und der Grasbestand der Weiden abnahm, bei Regenwetter oder nächtlichem Frost wurden sie erst morgens nach der Fütterung mit Raufutter auf die Weide entlassen. An Martini, dem Bauernfesttag am 11. November jeden Jahres, endete der Weidegang schließlich ganz, und die Tiere wurden aufgestallt. Sie konnten dann aber immer noch tagsüber einige Stunden auf der Herbstweide laufen, bis Schneefall dies nicht mehr zuließ. Im Sennergestüt (mittelalterliche Pferdezucht im Teutoburger Wald (Senne); seit dem 17. Jahrhundert Gestütsbetrieb in Lopshorn) hingegen durften sich die Aufzuchtpferde sogar die gesamte winterliche Stallperiode hindurch von morgens früh bis zum Einbruch der Dunkelheit gruppenweise im Freien auf großen Kämpen und Laufplätzen bewegen.

Auch in vielen anderen Aufzuchtgebieten Deutschlands wurden Zuchtstuten und Fohlen sowie Absetzer und Jungpferde in der Winterzeit in Laufställen gehalten. Dies war die damals übliche Haltungspraxis und entsprach den Empfehlungen für die Fohlenhaltung. Denn in den gemeinsamen Räumen hatten die jungen Pferde Gelegenheit, sich zu bewegen und soziale Kontakte zu gleichaltrigen und gleichgeschlechtlichen Tieren zu unterhalten. Viele sprachen sich dabei gegen die Anbindehaltung von Jungpferden aus, »damit sie sich im Stall wohl künden ergehen, umlauffen und also desto besser wachsen und zunemen«. Auch die Fohlen und Jungtiere in den Gestüten des hannoverschen Königshauses wurden in Laufställen untergebracht.

Neben der Versorgung bei den Bauern war die Haltung der Pferde auch auf Weideflächen und in Stallungen möglich, die zum Schloss Anholt gehörten. Den Aufzeichnungen zufolge kamen einige Stutfohlen des Hofmeisters oder des Fürsten im Sommer in den Hagen (Hagenwiesen für Aufzuchtpferde), einige Hengst- und Stutfohlen des Fürsten im Winter auch in den Bongard (Baumgarten). Zudem konnte auch ein Teil der Zuchtstuten ohne Fohlen in der Nähe des Marstalls weiden, denn in einer Akte ist von einer »Weide mit der Schutzhütte für die Stuten« die Rede. Dieser Schutz vor der Witterung bestand in Form einer einfachen Holzhütte.

Die Zuchtverantwortlichen des 16. bis 18. Jahrhunderts gaben sich also viel Mühe bei der Aufzucht und Haltung, wohl, weil sie erkannt hatten, dass Pferde Raum, Licht, Luft und reichlich Weidegras benötigen. Die Haltung von Arbeits- und Reitpferden hingegen wurde – bis auf wenige Ausnahmen von sehr edlen Pferden oder Zuchthengsten – in Ständern vorgenommen. Die Einrichtung, Aufteilung und das Platzangebot der Pferde im Anholter Marstallgebäude entsprach

In vielen traditionellen Gestüten werden Stuten und Fohlen in großen Laufställen gehalten. Das ist eine Aufnahme vom sozialistischen Staatsgestüt in Lipizza Ende der 60er-Jahre.

Pferd auf dem »Cingel« (Gemälde Wasserburg Anholt, Nordwestansicht, 1711, Quelle: Silke Parras, TiHo Hannover).

danach im Großen und Ganzen der damals weit verbreiteten Praxis der Pferdehaltung in geschlossenen Gebäuden. Der Marstall des Schlosses Anholt hatte eine Grundfläche von etwa 220 Quadratmetern. Darin waren 46 Ständer mit einer Fläche von je drei Quadratmetern (2,50 Meter Länge beziehungsweise 3,00 Meter mit Krippenvorsatz und 1,20 Meter Breite) angeordnet. Später wurde das Erdgeschoss des angrenzenden und für die Futterlagerung genutzten viereckigen Turms in die Stallgrundfläche mit einbezogen und die Gesamtzahl der Ständer auf 42 reduziert, wodurch diese auf etwa 1,60 Meter verbreitert werden konnten. Das geschah infolge »neuer« Erkenntnisse der damaligen Zeit, da man aufgrund vieler Verletzungen der Pferde wohl einsah, dass die ursprüngliche Breite von 1,20 Metern zu knapp bemessen war.
Inwieweit das Beispiel des Schlosses Anholt, nämlich im Laufe der Zeit durch Erfahrung und Horizonterweiterung der führenden Stallmeister die Ständer zu vergrößern und dadurch den dort angebundenen Pferden den arbeitsfreien Aufenthalt zu erleichtern, auch auf andere Marställe in Deutschland zu übertragen ist, bleibt allerdings nur zu vermuten.

Raum und Flächen vom 20. Jahrhundert bis heute

Der deutsche Pferdezüchter Graf C. G. Wrangel würdigte 1902 in seinem »Buch vom Pferde« die englische Pferdehaltung: »Zu jeder Box gehört ein Laufhof. Alle Boxen stehen mittels einer Tür in Verbindung mit dem gemeinsamen, geräumigen und von einigen Bäumen beschatteten Paddock.« Wenn man heutzutage durch England fährt, sieht man noch immer diese von Graf Wrangel beschriebenen, sehr alten und pferdegerechten Stallgebäude. Aber auch die modernen Stallanlagen auf der britischen Insel sind ähnlich artgerecht konzipiert. Leider wurde diese Bauweise auf dem europäischen Festland – und hier besonders Deutschland – nicht in dieser Konsequenz übernommen. Stattdessen errichtete man in den 70er- und 80er-Jahren Pferdeställe mit höchstens einem Fenster pro Innenbox und baut sie heute noch. Schaut man sich derartig große und geschlossene Stallgebäude mit einer Aneinanderreihung gleicher und oftmals sehr hoch angeordneter Fenster an, muss man sich die Frage stellen, warum sich dieser Zeitgeist durchgesetzt hat und was sich ihre Erbauer dabei gedacht haben. Denn inzwischen ist durch viele Untersuchungen angesehenster Verhaltensforscher und Tierärzte zweifelsfrei bewiesen, dass diese Haltungsform Pferde auf Dauer krank und unbrauchbar macht und letztlich einen höheren Kostenaufwand durch Tierarztbehandlungen und andere Aufwendungen nach sich zieht, als wenn man die Stallgebäude gleich pferdegerecht gebaut hätte.

Ständerhaltung noch immer nicht tabu

Während man die Ständerhaltung von Arbeitspferden bis zum Ende des 19. Jahrhunderts durchaus noch nachvollziehen kann, ist es jedoch ein handfester Skandal, dass diese Art der Unterbringung im 21. Jahrhundert zum Beispiel in Bayern und Nordrhein-Westfalen gesetzlich noch immer erlaubt ist und auch praktiziert wird. Auf der Homepage der Haflinger-Zuchtvereinigung Chiemgau e.V. beispielsweise wird in einem Beitrag des Journalisten Manfred Peter der Vorsitzende der Kaltblutzuchtgenossenschaft Traunstein und Berchtesgadener Land, Herbert Bischof zitiert: »Die Ständerhaltung bei Pferden, mit denen nicht regelmäßig gearbeitet wird, ist sicher nicht tiergerecht. Wenn aber eingespannt wird und die Pferde immer auf der Weide und Koppel sind, ist gegen eine ordnungsgemäße Ständerhaltung nichts zu bemängeln« (Quelle: www.haflinger-chiemgau.de/veranstaltungen.htm). Dieser Standpunkt ausgerechnet eines Verantwortlichen im deutschen Pferdezuchtgeschehen ist doch fragwürdig. Wer die Praxis der Kutschfah-

Auch in Spanien werden vielerorts noch Reitpferde in kasernenartigen Baracken gehalten.

rer kennt, weiß, dass diese häufig nur am Wochenende und an Feiertagen einspannen und fahren und die Pferde die restliche Zeit im Stall stehen. Und die zweite Schutzbehauptung »immer auf der Weide und Koppel sind« ist ebenso abwegig. Gerade die nicht aussterbende Hinterwäldler-Fraktion ländlicher Gegenden ist es doch, die ihre Pferde zum Schutz der Grasnarbe im Frühherbst einstallt und erst im Mai wieder auf die Wiesen entlässt. Hält Herr Bischof aus Vachendorf – der übrigens auch noch verschiedenen Körkommissionen angehört und eigentlich ein Vorbild sein müsste – seine Kaltblüter etwa selbst in Ständern? Und glaubt er, da dies in Bayern noch nicht verboten ist, so antiquiert argumentieren zu können?
Um es klar zu sagen: Ständerhaltung ist kein Kavaliersdelikt und ist durch nichts, aber auch gar nichts zu rechtfertigen! Wer Pferde die Hälfte des Jahres angebunden vor eine Wand ohne Fenster stellt, sollte der Besitz von Pferden untersagt werden, genauso wie dem, der diesen Praktiken zustimmt.

Boxenhaltung: ein Fortschritt?

Nicht viel besser als die Anbindehaltung in Ständern ist (nicht nur nach Meinung des Autors) die ausschließliche Haltung von Pferden in so genannten Innenboxen ohne Fenster. Dabei wird die Mindestgröße einer Einzelbox für ein Großpferd nach einheitlichen Richtlinien vieler Organisationen wie zum Beispiel der Reiterlichen Vereinigung (FN) als »Widerristhöhe mal zwei zum Quadrat« definiert. Bei einem 1,65 Meter großen Pferd also 10,8 Quadratmeter oder in den Abmessungen 3,00 mal 3,50 Meter. Dieses Regel-

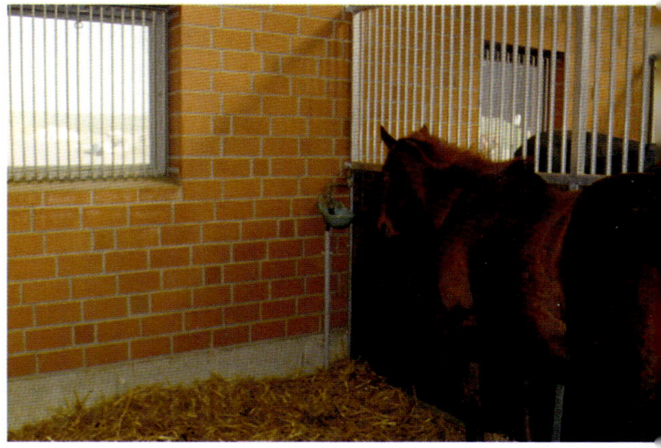

Das derzeitige Mindestmaß von Pferdeboxen ist eine Gratwanderung zwischen Tierschutz und Ökonomie.

maß findet man heute in vielen Ställen und wird als »Standardformat« zahlreicher Hersteller von Innenboxen definiert. Inzwischen gibt es auch eine EU-Norm, die besagt, dass die Mindestgröße einer Pferdebox drei auf drei Meter betragen muss, also nochmals 1,5 Quadratmeter weniger als deutsche Richtlinien empfehlen.
Kein Mensch weiß oder kann sagen, wie es zu dieser Standardisierung gekommen ist oder wer sie »erfunden« hat.
Erste Hinweise findet man 1970 in einer Bauschrift des Kuratoriums für Technik und Bauwesen in der Landwirtschaft, Frankfurt am Main (KTBL). In dieser von Ulrich Schnitzer mitverfassten »Untersuchungen zur Planung von Reitanlagen« wird – wie zu recherchieren war – zum ersten Mal die oben genannte Standardformel beschrieben.
In der Folgezeit wurde sie von vielen Verbänden im deutschsprachigen Raum mehr oder minder kritiklos übernommen, so zum

Beispiel vom Bundesverband für Veterinärwesen in der Schweiz.
Vermutlich ist dieses Richtmaß »gewachsen«, das heißt, es hat sich im Laufe der Jahrzehnte unter Zusammenwirkung von Architekten und Gebäudeplanern, landwirtschaftlichen Genossenschaften, Tierorganisationen, Vertretern von Industrienormen und anderen Lobbyisten aufgrund rationeller und wirtschaftlicher Überlegungen ergeben und wurde dann – vermutlich 1970 – erstmals als Standard definiert. Auch die Laufstall-Arbeitsgemeinschaft e.V. (LAG) hat auf ihrer aktuellen Internetseite unter der Rubrik »Muster-Maße für die Pferdehaltung« die oben genannte Formel für Innenboxen ohne weiteren Kommentar übernommen. Hierzu heißt es lapidar: »Pferde benötigen ein Mindest-Maß an Platz. Die LAG hält ihre Inspekteure dazu an, die von Professor Schnitzer entwickelten Formeln anzuwenden.«
Trotz vieler kritischer Standpunkte relevanter Tierschutzorganisationen bleibt die Einzelbox laut Dr. Heinrich Pirkelmann vom Landesamt für Tierzucht in Grub das »gebräuchlichste Aufstallungssystem in Deutschland« (2002).
Schon 1993 machte Dr. Pirkelmann auf sich aufmerksam, indem er der Einzelhaltung von Pferden in Innenboxen positive Eigenschaften zubilligte: »Haltungstechnische Vorteile für den Pferdehalter wie die Durchführung der individuellen Betreuung und Fütterung und der bequeme Zugriff auf das Tier begründen diesen Sachverhalt.« Auch eine Sachverständigengruppe, die 1995 im Auftrag vom Bundesministerium für Verbraucherschutz, Ernährung und Landwirtschaft (unter damaliger Leitung der CSU) Leitlinien zur Beurteilung von Pferdehaltungen unter Tierschutzgesichtspunkten aufstellten, bestätigte die von Prof. Schnitzer 1970 definierten Standardmaße von Innenboxen. Weitere Rechtfertigungen dieser Haltungsform wurden in den 90er-Jahren in diversen Veröffentlichungen namhafter Wissenschaftler im Pferdegeschehen öffentlich. Eine davon war, dass die Innenboxenhaltung dem Pferd ein Minimum an Bewegung ermögliche, die jedoch täglich ergänzt werden sollte. Als Mindestbewegungszeit wurde eine Stunde gefordert (Zeitler-Feicht, Grauvogl 1992; Pirkelmann 1993).
Der Stallbauexperte Georg W. Fink von Fink Reitanlagenbau aus Aufkirchen äußerte sich im Jahr 2000 etwas moderater. Er ist der Meinung, dass das artspezifische Verhalten von Pferden von Natur aus jeder Art von Stallhaltung widerspreche, aufgrund äußerer Umstände eine Aufstallung der Pferde aber oft nicht zu umgehen sei. Vier Jahre zuvor

Einzelboxenhaltung kann durch großzügige Innengestaltung durchaus verbessert werden.

war Georg W. Fink in einem Interview der österreichischen Fachzeitschrift »Pferderevue« allerdings kritischer: »Wir reiten unsere Pferde nicht zu Tode, wir halten sie zu Tode. Im Bereich der Freizeitreiter tut sich allerdings schon einiges, es sind vielfach die konventionellen Reitbetriebe, in denen die Denkweise noch sehr, sehr altmodisch und damit schädlich für die Pferde ist.«

Pferdegerechte Stallhaltung von Reit- und Kutschpferden

Dass Stallhaltung nicht unbedingt artwidrig sein muss, beweisen die Briten schon seit vielen Jahrzehnten, wenn nicht gar seit Jahrhunderten. Ihre Reit- und Fahrpferde wurden zwar auch in Einzelboxen gehalten, konnten sich aber – vermutlich hauptsächlich tagsüber (ob auch nachts, war nicht zu klären) – durch offene Boxentüren in einem gemeinsamen Gruppenpaddock aufhalten. Dort war ihnen das Ausüben und Ausleben aller Sozialverhaltensweisen möglich. Gleichzeitig verfügten diese Türen über einen unteren und oberen Flügel, also so genannte Flügeltüren. Auf diese Weise konnten die Pferde bei schlechtem Wetter, Krankheit oder anderen Umständen in der Box gehalten werden, hatten aber durch den oben offenen Flügel immer viel Licht und Luft zur Verfügung sowie visuellen Kontakt zu ihren Artgenossen. Dies waren die Vorgänger der heutigen »Paddockbox«, einer Innenbox mit zwei Türen, eine zur Stallgasse und eine zweiflügelige zum Einzelauslauf (in manchen Ställen auch so wie in England zum Gruppenauslauf) hinaus.

Diese Art der Boxenhaltung ist durchaus eine akzeptable Alternative, die sowohl die von Dr. Pirkelmann geforderte individuelle Betreuung und Fütterung als auch den bequemen Zugriff auf das Tier erfüllen, aber

Im Krankheitsfall oder bei hohem Insektenaufkommen kann man ein Pferd in der Paddockbox einstallen, ohne ihm den Sichtkontakt zu seinen Artgenossen zu entziehen.

zudem ein Mindestmaß an Sozialverhalten, Licht, Luft und klimatische Reize sowie je nach Größe des Einzelpaddocks auch gewisse Bewegungsmöglichkeiten zulassen.

Räume schaffen beginnt im Kopf

Pferde benötigen ein Höchstmaß an Raum und Flächen, um ihre Bedürfnisse nach freier, kontinuierlicher Bewegung, Sozialkontakten und so genanntem Komfortverhalten wie das Wälzen, Scheuern oder die Fellpflege ausreichend befriedigen und ausleben zu können. Auch wenn wir unseren Hauspferden die Weiten der Steppenlandschaft nicht bieten können, sollten wir doch bemüht sein, ihnen so viel Platz wie irgend möglich zur Verfügung zu stellen. Warum hapert es aber oftmals in der Umsetzung, obwohl der Wille vorhanden ist und inzwischen eindeutig feststeht, dass Pferde nur unter möglichst naturnahen Haltungsbedingungen langfristig gesund und einsatzfähig bleiben können?
Ein Grund ist die Verinnerlichung von Mindestmaßen, die ein Umdenken behindern. Diese stellen aber lediglich Minimalanforderungen dar und dürfen nicht nur, sondern sollten beliebig erweitert werden. Denn artgerechte Haltung kann keinesfalls durch Mindeststandards definiert werden. Der andere Grund ist sicherlich der Kostenfaktor,

Paddockboxen bieten Pferden ein Mittelmaß an Haltungskomfort.

Es gibt keinen Stall, in dem man die Pferdehaltung nicht mit Phantasie und Verstand verbessern könnte.

denn mehr Raum und Flächen für Pferde bedeuten automatisch mehr Ausgaben. Dass das ein fataler Rechenfehler ist, merken viele Pferdebesitzer aber erst, wenn sie anstatt für Pachtweiden, Einfriedungen, Flächenerweiterungen und Umbaumaßnahmen im Stall ihr Geld in das Kurieren haltungsbedingter Krankheiten oder Verhaltensstörungen ihrer Pferde stecken müssen.

Eine für die Pferde positive Veränderung, eine »Horizonterweiterung« im doppelten Sinne beginnt also in den Köpfen ihrer Halter. Es wird Zeit, umzudenken und für die Pferde mehr Platz zu schaffen!

Solche zusätzlichen Flächen zu gestalten, sind bei der Haltungsform »Außenbox mit Einzelpaddock« allerdings Grenzen gesetzt. Eine Erweiterung von aneinander gereihten Einzelpaddocks wäre nur in eine Richtung, nämlich nach vorne möglich und diese schmalen »Schläuche« böten dann keine großen Laufflächen mit Kommunikationsmöglichkeiten. Alternativ könnte man flexible Zwischenzäune zum Beispiel mit Panelsystemen installieren und die Einzelpaddocks zumindest zeitweise als Gemeinschaftsauslauf nutzen.

Auch die Vergrößerung gemeinsam genutzter Ausläufe ist oft nicht einfach, weil vielfach feste Rahmenbedingungen bestehen, die dies kaum zulassen. So sind in den meisten Fällen Kompromisse unabdingbar und es bedarf großer Kreativität, um solche Handicaps zu bewältigen.

Meistens besteht aber eine unzureichende Ausschöpfung des vorhandenen und sehr häufig ungenutzten Raum- und Flächenpo-

tentials im Haltungsumfeld. Wichtig ist, sich einmal von eingefrorenen Denkmustern frei zu machen, einige Schritte zurückzutreten und das Ganze in Ruhe zu betrachten. Nur weil ein Zaun schon immer dort stand, muss er nicht unveränderlich dort bleiben!
Die Frage ist also: Wie kann ich bestehende Raum- und Flächenaufteilungen sowohl im Stall als auch in Außenbereichen verbessern? Dabei lautet die Grundregel: Alle Veränderungen – sowohl für das Pferd als auch den Menschen – müssen unter einen Hut gebracht werden. Dementsprechend sollte man zuvor alle Arbeits- und Bewegungsabläufe in Gedanken durchspielen.

Zu bedenken sind im Wesentlichen folgende Kriterien:

- Effektivere Ausnutzung der vorhandenen Gesamtfläche
- Verbesserung der Haltungsform und damit des Bewegungs- und Sozialverhaltens der Pferde
- Optimierung von Arbeits- und Lagerflächen (klein, zentral, effektiv)

Als Erstes schafft man sämtliches Gerümpel fort, das sich im Laufe der Zeit im und um den Stall herum angesammelt hat. Hierzu gehören alte Hölzer, Kunststoffteile, Autoreifen, Metallgegenstände, vergammelte Badewannen und anderer Unrat. Dann entfernt man alle unsinnigen Einbauten und Mobiliar, die Platz verschwenden und so gut wie nie gebraucht werden, zum Beispiel kaum genutzte Aufenthaltsbereiche für Menschen wie Bänke und Tische, auf denen nie jemand sitzt und die vor sich hinmodern. Auch unsinnige Bepflanzungen, die vielleicht obendrein noch giftig sind – wie zum Beispiel Buchsbaumhecken – werden entfernt und entsorgt. Schließlich legt man auf dem Papier ein systematisches Wegenetz für die Pferde fest, in dem ihr Verbringen ohne Umwege zur Koppel, zu Putzplätzen sowie Reit- oder Abspritzplätzen gewährleistet ist. Bestehende Paddockaufteilungen müssen dahingehend überprüft werden, ob nicht weitere Flächen, die mehr oder weniger sinnlos brachliegen, hinzugefügt werden können. So zum Beispiel ein Gras- oder Erdweg, der gar nicht oder nur sehr selten – beispielsweise bei der Heuernte – benutzt wird und der dann in diesem Fall auch umgangen beziehungsweise umfahren werden kann. Oder überflüssige PKW-Abstellplätze, die meist leer stehen und fast nie gebraucht werden. Auch Rangier- und Arbeitsflächen für landwirtschaftliche Maschinen, die oft sehr großzügig gestaltet werden und die man auch hätte kleiner arrangieren können, gehören dazu.
Befinden sich Bäume auf dem Paddock, die mit einem Zaun gegen Verbiss bewahrt werden, kann man weiteren Raum gewinnen, indem man stattdessen die Baumstämme mit Drahtgeflecht schützt (Höhe mindestens zwei Meter).
Eine weitere Möglichkeit, zumindest zeitweise und im Winter mehr Platz zu schaffen, besteht darin, den Reitplatz als Paddockfläche mit einzubeziehen. Die Vorteile hierbei: Zum einen kann der Auslauf auf eine größere Fläche ausgedehnt werden, wenn auf dem Platz nicht gearbeitet wird, und zum anderen können sich arbeitende und ruhende Pferde sehen, wenn der Reitplatz direkt an den oder die Paddocks angrenzt.

Bei der Boxenhaltung mit tagsüber Gemeinschaftsauslauf ist wichtig, dass man den Paddock immer direkt in Stallnähe anlegt. Das erleichtert die Arbeit (Heraus- und Hereinbringen bei plötzlichem Wetterumschwung, Reinigung der Fläche) und ermöglicht den Kontakt zu den Pferden, die aus welchem Grund auch immer im Stall verblieben sind.
Der Vorteil bei der Gruppenauslaufhaltung ist, dass nur jeweils ein eingefriedeter und vegetationsloser Ganzjahresauslauf besteht, auf dem mehrere Pferde frei und unter natürlichen Außenklimareizen sowie unter Anteilnahme am Umweltgeschehen ständig zusammenleben. Auf diese Weise entfällt die Aufteilung der Einzelpaddockflächen mit Zäunen, eventuellen Sicherheitsschleusen, Toren und sonstigen dann mehrfach notwendigen Einbauten wie Raufen, Wälzplätzen und Tränken, die insgesamt gesehen viel Raum und Flächen »verschlucken«.

Bauliche Umsetzung von Haltungsverbesserungen

Was tun mit den bereits beschriebenen alten, geschlossenen Stallgebäuden, in denen ausschließlich Innenboxen mit kleinen Fenstern angeordnet sind? Wie könnten sie baulich so verändert werden, dass eine artgerechtere Pferdehaltung entsteht?

Hierzu bieten sich zwei Varianten an:

- Einzelhaltung in Außenboxen mit Auslauf (Paddockboxen)
- Gruppenhaltung mit Auslauf

Bei der ersten Variante wird die Infrastruktur des Stallgebäudes belassen, wie sie ist. Es wird in jeder Innenbox lediglich ein Wanddurchbruch nach außen vorgenommen. Dadurch entstehen Außenboxen mit Einzelausläufen.
Bei der Zweiten werden alle Trennwände und Boxentüren entfernt und ein beziehungsweise je nach Pferdegruppe auch zwei große Innenbereiche gebildet mit jeweils freiem Zugang nach außen zu einem Gemeinschaftsauslauf.

Wanddurchbrüche sind in fast allen Außenwänden ohne größeren Aufwand durchführbar.

Der Umbau einer Innenbox in eine pferdegerechte Paddockbox lässt sich in fast allen Stallgebäuden gut realisieren, allerdings müssen folgende Bedingungen erfüllt sein:

- Vor der Längsseite des Stallgebäudes muss eine freie Fläche vorhanden sein, auf der die Einzelpaddocks angeordnet werden können und es darf dort kein öffentlicher Verkehrsweg entlang führen. Auch ein Bach, ein Abhang, eine Böschung oder niedrige Bauwerke wie zum Beispiel eine Dungstätte schließen ein solches Vorhaben meist bereits im Vorfeld aus.
- Das Gefälle der freien Fläche muss vom Gebäude wegführen, damit nach dem Umbau kein Wasser in das Gebäude fließt. Dies ist in den meisten Fällen aus baulichen Gründen aber bereits vorhanden.
- Sind in jeder Innenbox bereits Fenster vorhanden, erleichtert dies den Umbau, die Kosten und den Arbeitsaufwand erheblich.

Hat man sich für einen Umbau entschlossen, sind zunächst folgende Schritte erforderlich:

- Grundsätzliche Klärung der Frage, ob Wanddurchbrüche überhaupt möglich sind, an welchen Stellen, in jeder Box und wie viele (mithilfe eines Statikers).
- Auf dem Bauamt nachfragen, ob die Nutzungsänderung des Gebäudes und/oder die Veränderung der Außenwände zulässig sind (Bauvoranfrage).
- Kostenermittlung durchführen: Gebühr Bauantrag, Kosten der Statik ggf. mit Bauantrag, Arbeitslohn und Materialkosten für die Wanddurchbrüche, neuen Türen, Einfriedungen und Bodenbefestigung der Einzelausläufe.
- Welche Arbeiten können selbst vorgenommen werden, welche müssen vom Fachmann durchgeführt werden?

Sind diese grundsätzlichen Fragen positiv geklärt, kann die Planung, der Bauantrag und schließlich der eigentliche Umbau beginnen.

Für den Umbau zur Gruppenauslaufhaltung sind dagegen zusätzliche Wanddurchbrüche in der Regel nicht notwendig, da bereits ein oder zwei breite Öffnungen an den kurzen Gebäudeseiten vorhanden sind.
Das Stallinnere wird dann nur noch entsprechend umgestaltet: Entfernen ehemaliger Trennwände und Boxentüren, Einbau von Fressständen oder Fressgittern, einer Notbox und einem Anbindeplatz. Außen sollte sich möglichst direkt eine Fläche angliedern, die man zum gemeinschaftlichen Auslauf umfunktioniert.

Eingesperrt und dichtgemacht:

Warum falsche Rücksichtnahme Pferde krank macht

Nach neuesten Untersuchungen haben 80 Prozent aller Pferde in Deutschland durch schlechte Stallluft, Staub und Pilzsporen geschädigte Atemwege. Dabei stellt der chronische Husten die Hauptursache für einen frühzeitigen Tod dar. Über 30 Prozent der Fälle, in denen eine Unbrauchbarkeit des Pferdes für den Pferdesport eintritt, sind durch chronisch gewordene Veränderungen der Atemorgane mit entsprechender Leistungsminderung begründet.

In vielen Pferdeställen ist es außerdem definitiv zu dunkel. Das fällt besonders auf, wenn man einen geschlossenen Stall betritt und die Augen einen Moment brauchen, um in der Dunkelheit überhaupt etwas erkennen zu können. Ausreichend natürliches Licht ist jedoch elementar für das Steppentier Pferd, ohne das es auf Dauer krank wird.

Tageslicht ist lebenswichtig

Pferde haben ein immenses Bedürfnis an Licht. Finstere Innenställe, in denen man sogar tagsüber das Kunstlicht anschalten muss, stellen einen dauerhaften Stressfaktor für die Pferde dar. Ein ständiger Mangel an Licht kann bei Pferden zu verschiedenen Erkrankungen wie Stoffwechsel- und Fruchtbarkeitsstörungen oder Blutarmut führen.

Dagegen fördern die ultravioletten Strahlen der Sonne die Bildung roter Blutkörperchen, was die Anfälligkeit von Infektionen verringert. Zusätzlich wandelt sich durch die UV-Strahlen in der Haut das so genannte Dehydrocholesterol in Vitamin D 3 um, welches unter anderem das Kalzium-Phosphor-Verhältnis steuert. Vitamin D 3 kann vom Körper

Dunkle, verstaubte und miefige Innenställe erzeugen Dauerstress.

Licht und Luft sind für ein Pferd elementar.

aber nur dann ausreichend erzeugt werden, wenn das Pferd mehrere Stunden täglich natürliches Licht im Freien erhält. Schließlich sei noch erwähnt, dass Licht und insbesondere Sonnenlicht insgesamt zum Wohlbefinden des Pferdes beiträgt. Das heißt aber nicht, dass Pferde ungeschützt der prallen Sonne ausgesetzt sein dürfen. Entsprechende Unterstellmöglichkeiten müssen deshalb unbedingt vorhanden sein.

Frische Luft ist fundamental

Atemwegserkrankungen gehören neben den Störungen des Bewegungsapparates zu den häufigsten Krankheiten der heutigen Hauspferde. Ihre Ursachen können Viren, Bakterien, Pilze, Parasiten, Allergene oder verschiedene Umweltfaktoren wie Staub, reizende oder giftige Gase beziehungsweise ungünstige klimatische Bedingungen in Verbindung mit ohnehin schon geschwächten Abwehrkräften sein. Selten kann eine alleinige Ursache ausgemacht werden, meistens handelt es sich um das Zusammenwirken mehrerer Faktoren. Fest steht, dass Stallstaub mit seinen anhaftenden Keimen die zentrale Rolle dabei spielt. Denn Staub ist das wichtigste Transportmedium für Mikroorganismen. Ein Zusammenhang zwischen der Haltungsform und dem Auftreten von Atemwegserkrankungen beim Pferd konnte mittlerweile zweifelsfrei nachgewiesen werden.

Ein Pferd benötigt im Ruhezustand etwa 90.000 Liter Luft (= 90 cbm) am Tag. Stehen zum Beispiel zwanzig Pferde in einem Stall, beträgt der Frischluftbedarf dieser Pferde also 1,8 Millionen Liter Luft (= 1800 cbm). Wird dieser enorme Luftbedarf nicht durch eine entsprechende Luftwechselrate (Luftaustausch durch Lüftungssysteme) konstant garantiert und besteht zudem eine unzureichende Hygiene im Stall mit der Folge hoher Schadgas- und Staubentwicklung, können, ja müssen diese Faktoren beim Pferd zu dauerhaften Atemwegserkrankungen führen. Zusätzlich fördert ein feuchtwarmes Innenstallklima parasitäre und bakterielle Anteile in der Luft. Das Pferd ist deshalb auf eine beständige Zufuhr von Frischluft von außen angewiesen. Die oft angeführten Bedenken von Pferdebesitzern hinsichtlich Zugluft entbehrt meist jeder Grundlage. Denn eine beständige und gleichmäßige Luftströmung, die auf den gesamten Pferdekörper einwirkt, ist keine Zugluft. Diese kann nur dann entstehen, wenn in einem verglichen mit dem Außenklima viel wärmeren Innenstall kalte Luft punktuell auf das Pferd trifft. Pferde können ihre effektive Thermoregulation nur dann optimal ausnutzen, wenn sie durch natürliche Klimaschwankungen stimuliert werden. Deshalb sollte das Innenstallklima weitestgehend mit dem schwankenden Außenklima übereinstimmen. Erst bei Extremwerten unter Minus 15° oder über Plus 30° Celsius müssen Gegenmaßnahmen erfolgen.

Eine gute Innenstallluft erreicht man unter Berücksichtigung folgender Faktoren:

- Der Innenstall benötigt eine immerwährende Frischluftzufuhr. Dabei sollte die Luftbewegung nach gängigen Tierschutzregeln nicht mehr als 0,2 (Winter) bis 0,5 Meter (Sommer) pro Sekunde betragen, was darüber liege, sei schädigende Zugluft. Allerdings besitzt diese Vorgabe keine bindende Relevanz, denn sie wurde vermutlich irgendwann einmal von irgendeiner Person oder Organisation aufgestellt und dann von vielen anderen Interessengemeinschaften übernommen. Sie kann nur als allgemeine Richtlinie betrachtet werden. Ganz einfach testen kann man die Luftgeschwindigkeit, indem man eine ultraleichte Vogelfeder nimmt und diese aus einer Höhe von etwa zwei Metern auf den Boden fallen lässt. Dabei stoppt man die Zeit und misst die zurückgelegte Strecke der Feder. Hat sie zum Beispiel in fünf Sekunden drei Meter zurückgelegt, entspricht das in etwa einer Luftbewegung von 0,6 Meter pro Sekunde und damit der Norm. Wenn man die Windgeschwindigkeit genau messen will, kann man sich ein so genanntes Taschenanemometer anschaffen.

- Die relative Luftfeuchtigkeit der Stallluft sollte zwischen 60 und 80 Prozent betragen (Bundesministeriums für Ernährung, Landwirtschaft und Verbraucherschutz). Bei Werten über 90 Prozent muss eine Überprüfung und Verbesserung der Lüftung in geschlossenen Ställen erfolgen. Der optimale Bereich für Pferde liegt zwischen 60–65 Prozent, dann sterben viele Bakterien in der Luft ab. Jedoch verringert sich ihre Sterberate mit steigender Luftfeuchte. Staubpartikel, die kleiner als 5 µm (= fünftausendstel Millimeter) und mit Bakterien behaftet sind, können in die tieferen Atemwege gelangen. Bei einer relativen Luftfeuchte von 90 Prozent können zehnmal mehr Partikel in die unteren Atemwege eindringen als bei einer Luftfeuchte von

Windschutznetze schützen gegen Zugluft, ermöglichen aber eine dauerhafte Frischluftzufuhr.

Ammoniak führt bereits in geringsten Dosierungen zu Reizungen der Atemwege.

65 Prozent. Es gibt inzwischen sehr preiswerte kombinierte Umweltmessgeräte, die Lichtstärke, Schallpegel, Feuchtigkeit und Temperatur messen.

- Gase, die aus Ammoniak bestehen, sind weitestgehend zu unterbinden. Schwefelwasserstoff ist das giftigste Schadgas im Stall. Es entsteht, wenn im lange gelagerten Mist Eiweißfäulnis unter Sauerstoffabschluss einsetzt, beispielsweise in der Matratzenstreu (Tiefstreu).

- Staub ist unbedingt zu vermeiden. Klassische Staubquellen sind Abwurfschächte für Heu und Stroh oder das Fegen der Stallgasse ohne vorherige Befeuchtung.

- Auch über die Einstreu kann die Luftqualität und die Staubentwicklung beeinflusst werden. Entstaubte Hobel- und Sägespäne aus Weichholz bilden die geringste Staubentwicklung und sind überdies keimarm. Aber Vorsicht: Manche Hersteller schreiben auf ihr Produkt »staubarm«, was es dann aber meist nicht ist. Nur mit »staubfrei« gekennzeichnete Hobelspäne garantieren auch entsprechende Qualität. Einstreu aus Strohpellets oder Leinenstroh/Flachs sind ebenfalls staubarm und enthalten nur sehr geringe Anteile von Pilzsporen.

- Ein erhöhter Anteil von Pilzsporen in der Stallluft und der Einstreu ist erwiesenermaßen wesentlich bei der Entstehung nichtinfektiöser Lungenkrankheiten (COB) beteiligt. Pilzsporen kommen besonders in Stroh minderer Qualität vor oder sind in vielen Ecken und Nischen von Pferdeställen angesiedelt beziehungsweise entstehen durch die

Staub bindet Keime und trägt sie über die Atmung direkt in die Lunge.

Vermischung von feuchtem Heu und Stroh. Die winzig kleinen, für das Auge nicht wahrnehmbaren Pilzsporen setzen sich durch das Aufschütteln von Heu oder Stroh frei und befinden sich dann in sehr hoher Zahl in der Luft. So gelangen sie beim Raufutterfressen über die Atmung in die Lunge der Pferde. Solche Ansammlung von Pilzen und Pilzsporen halten sich praktisch das ganze Jahr über in Innenställen, Boxen, Fressständen oder Gruppenställen auf und werden bei jeder Heu- und Strohfütterung erneut angereichert beziehungsweise vermehrt. Deshalb sollte man Stroh und Heu nicht in Anwesenheit des Pferdes ausschütteln und die Raufutterplätze regelmäßig gründlich reinigen.

Lüftungsschlitze in Boxentüren verbessern die Luftzirkulation in der Box.

- Ungenügende Frischluft mindert den Gehalt an Sauerstoff in der Luft und führt zur Zunahme des schädlichen Kohlendioxids (CO_2). Über 0,2 Prozent CO_2 in der Stallluft ist bedenklich. Inzwischen gibt es so genannte CO_2-Gasmess- beziehungsweise Gaswarnanlagen für die Stallraum-Überwachung.

- Als Richtmaß für den Lichtbedarf des Pferdes im Innenstall gilt allgemein, dass die Lichtfläche in der Wand und/oder Decke mindestens $^1/_{15}$ der Stallgrundfläche betragen soll, also etwa ein Quadratmeter pro Pferd. Aber auch diese Angabe erscheint willkürlich. Im Positionspapier der Tierärztlichen Vereinigung für Tierschutz e.V. (2005) wird übrigens als absoluter Mindestwert für die Lichtstärke 80 Lux im Tierbereich gefordert. Das entspricht einem Verhältnis der Fensterfläche zur Stallgrundfläche von $^1/_{20}$.

Stallklima schädigende Einflüsse gibt es in der Regel nur in geschlossenen Stallungen und erübrigen sich weitgehend bei der offenen Haltung. Man weiß inzwischen, dass der geschlossene Stall mit konstanten Innentemperaturen von 10 bis 20° Celsius nicht die ideale Lösung ist.

Da Pferde ihre Arbeit im Außenbereich oder in Reithallen erbringen, sind sie sowieso ständig den schwankenden Umweltbedingungen ausgesetzt. In der offenen Haltungsform oder der Paddockbox wirken in etwa die gleichen Klimareize auf die Tiere ein wie im Außenbereich, was sich günstig auf ihre Widerstandsfähigkeit auswirkt.

Probleme und deren Behebung beim Innenstallklima

Art	Problem	Verbesserungsmaßnahmen
Luft	Hohe Staub- und Schimmelpilzbelastung, scharfer Ammoniakgeruch, »stehende« Luft, unnatürliche Wärme	Radikal alle Türen und Fenster öffnen; entsteht Zugluft, können luftbrechende Windschutznetze (»Rolladentechnik«) angeordnet werden; Hygienemaßnahmen und Qualität der Einstreu verbessern (Wechselstreu, keine Tiefstreu!); Schaffung zusätzlicher Öffnungen an Boxentrennwänden (z.B. durch Einfräsen schmaler Luftschlitze); Installation eines Lüftungssystems (z.B. Ventilatorenlüftung), Erweiterung der Frischluftzufuhr bzw. -strömung durch Herausnehmen unnötiger Zwischendecken oder nichttragender Innenwände
Stallklima	In geschlossenen Stallsystemen kann sich Kondenswasser an Decke und Wänden sowie im Innern von Baustoffen bilden (Kernkondensat); dadurch entsteht zu hohe Feuchtigkeit	Neue oder zusätzliche Wärmedämmung nur an den Außenwänden anordnen, nicht an den Innenwänden; zur Regulierung der Innenfeuchtigkeit muss die Durchlässigkeit von Wasserdampf in den Bauteilen nach außen hin zunehmen, also keine »Dampfsperre« an der Innenwand anordnen
Licht	Unzureichende Belichtung (wenn tagsüber Kunstlicht benötigt wird)	Erweiterung der Belichtungsfläche durch beispielsweise Einbau von Tür- und/oder Fensteröffnungen (Wanddurchbrüche), Anbringung von Lichtplatten in Dachflächen, optische Aufhellung durch weißen Anstrich

! Keine Angst vor Kälte

Pferde mit ausreichendem **Winterfell** können Kälte bis zu minus 15 Grad Celsius problemlos verkraften, ohne zu frieren – vorausgesetzt, sie können sich **trocken** und **windgeschützt** unterstellen.

Dagegen müssen geschorene, **kranke** oder **magere** Pferde in dem Außenklima angepassten Stallungen entsprechend **eingedeckt** sein.

Da das Pferd in schnellem Tempo aber nicht wie der Mensch durch den Mund, sondern durch die Nase atmet, besteht keine Gefahr, dass zu kalte Luft in die Lunge gelangt. Die lange Nase des Pferdes heizt den kalten Atem vor und schützt so die Lunge vor Kälteschäden. Bei Winter-Husten ist gemäßigte **Bewegung** die beste Therapie, weil hierdurch der zähe Schleim in den Bronchien gelöst wird. Ausnahme bilden Pferde mit akuter Erkältung und Fieber.

Ein Leben im »Schlaraffenstall«: Besser für die Pferde?

Bequemlichkeit, elitäre Ansprüche und Zeitmangel schaffen ein für Pferde zunehmend nachteiliges Umfeld. Protzige und hauptsächlich für die Pferdebesitzer konzipierte, exquisite und luxuriöse Edelreitställe vermitteln den Eindruck, dass sich auch die Pferde darin wohlfühlen. Dem ist aber bei weitem nicht so. In solchen Einrichtungen bleiben viele pferdeeigene Bedürfnisse auf der Strecke – fast genauso unerfreulich wie in den kasernenartigen Pferdebaracken der 70er- und 80er-Jahre, die zum Teil heute noch bestehen.

Großzügige Architektur und edle Boxenausstattungen sprechen zugegebenermaßen nicht nur wohlhabende Menschen an. Auch der so genannte Durchschnitts-Pferdebesitzer wünscht sich insgeheim vielleicht selbst eine derartige Einrichtung für sich und sein Pferd, weil er glaubt, damit auf der Sonnenseite des Lebens zu stehen. Allerdings gehen solche »Schlaraffenställe« glatt an vielen Bedürfnissen des Pferdes vorbei oder in die verkehrte Richtung. Zwar werden in modernen Pferdesportanlagen einige wichtige pferderelevante Aspekte besser berücksichtigt als in herkömmlichen Innenstallanlagen – wie zum Beispiel größere Boxenabmessungen, verbesserte Luftzirkulation durch entsprechende Maßnahmen (Luftschlitze in den Frontseiten der Boxen, Schwerkraft- und/oder Ventilatorenlüftung), Licht durchlassende Dachfelder, Solaranlagen, rutschfeste und elastische Boxenböden, staubarme Einstreu oder teure Reithallenböden mit optimalem Wassergehalt.

Dennoch werden auch hier die gleichen Fehler gemacht wie in allen anderen Pferdestallungen, in denen die Pferde ausschließlich in der Innenbox gehalten werden: Mangelnde Möglichkeiten für Sozialkontakte, Einschränkung des Komfortverhaltens, Bewegungsdefizite oder kurze Fresszeiten, um nur einige zu nennen. Die Folgen für

Nachteile der Boxenhaltung

das Pferd sind hinlänglich bekannt: stereotype Verhaltensweisen, erhöhte Anfälligkeit für Erkrankungen des Bewegungsapparates und des Verdauungstraktes oder Entwicklung zu hoher Reizschwellen mit ausgeprägtem Übersprungverhalten (Schreck vor »Nix«) durch die reizarme Dauerumgebung und den Triebstau.

Dass Schlaraffenställe keine goldenen Käfige sein müssen, zeigt dieses Beispiel.

Fohlen in der Falle:

Aufzuchtfehler und ihre lebenslangen Folgen

Unbedingte Voraussetzung für ein ausgeglichenes, gesundes und langes Reitpferdeleben ist die fachgerechte Aufzucht des jungen Pferdes. Eine Vielzahl körperlicher und mentaler Beeinträchtigungen beim erwachsenen Pferd hat ihre Ursache in Fehlern, die während der Aufzucht begangen werden. Und viele Pferdebesitzer erkennen in den Krankheiten oder Verhaltensauffälligkeiten ihres Pferdes nicht einmal, dass der Grundstein beim Züchter beziehungsweise Aufzüchter gelegt wurde.

Zusätzlich begünstigt die stete Zunahme von Hobbyzüchtern und Landwirten, die aus monetären Gründen jedes Jahr ein Fohlen aus ihrer Hofstute ziehen, diese Problematik nicht gerade. Denn die Aufzucht eines jungen Pferdes ist ein außerordentlich komplexes Thema und erfordert neben dem entsprechenden Fachwissen auch Erfahrung und Einfühlungsvermögen sowie die Möglichkeit einer artgerechten Haltung. Speziell Fohlen und Jungpferde benötigen die in Kapitel 1 angesprochenen großzügigen Flächen und Räumlichkeiten noch dringender als ihre erwachsenen Artgenossen. Werden ihnen diese längerfristig entzogen – zum Beispiel beim Einstallen während der Winterzeit ohne täglichen ausreichenden Auslauf auf Plätzen oder Winterkoppeln – hat das tiefgreifende Folgen sowohl physischer als auch psychischer Art.

Während die im Kapitel 9 beschriebene, Stress erzeugende Einfriedung von Einzelpaddocks (übrigens der gleiche Reiterhof) den Pferden noch die Möglichkeit des Rückzugs in die Innenboxen zulässt, war das bei diesen Aufzuchtpferden nicht möglich. Sie waren an

Sonne, Schnee, Luft und viel Raum auf der Winterkoppel – so einfach kann Jungpferdeaufzucht sein!

Drei, vier, manchmal fünf Jungpferde auf drei mal vier Meter!

Diese Aufzuchtpferde und diejenigen, die davor an ihrer Stelle waren, standen im Winterhalbjahr in dem abgebildeten Verschlag: einer für junge Stuten und einer für männliche Jungtiere. Sie waren Teil einer Lagerhalle für Raufutter in der Nähe einer noblen Reitsportanlage, die ein ehemaliger Landwirt aufgebaut hat. Diese wurden jeweils im Herbst variabel gestaltet, je nachdem, wo sich die Großballen von Heu und Stroh gerade befanden.

Die beiden »Seitenwände« grenzten an Heu- oder Strohballen und bestanden aus fünfreihigem Elektrobreitband, die Vorderseite aus dreireihigem E-Band mit Torgriffen, die Rückseite aus dem Mauerwerk der Lagerhalle. Die »Stallwände« aus E-Band standen Tag und Nacht unter Strom.

drei Seiten von drohenden Stromschlägen umgeben und mussten ununterbrochen auf der Hut sein, diesen auszuweichen, was ein normales Sozialverhalten dieser Jungpferde zu jeder Zeit ausschloss. Zudem diente der seitliche Elektrozaun dazu, den Pferden den Zugang zum Heu zu erschweren beziehungsweise unmöglich zu machen. Hier hat sich der Landwirt noch nicht einmal die Mühe gemacht, provisorische Seitenwände aus z. B. Holzplatten oder Kunststoffmatten als Trennung zum Heulager dazwischenzulegen. Auch die Frontseite hätte er im Handumdrehen aus Holzlatten oder Stahlpanels gestalten können. Aber nichts von alledem. Erschwerend hinzu kam die Ammoniakbelastung durch die Tiefstreu-Matratze, welche außerdem einen zu tiefen und weichen Untergrund für die wachsenden Pferde darstellte. Diese Fehler wurden durch fehlenden Sichtkontakt zum Geschehen des Reiterhofes noch verstärkt. Keine Möglichkeit der Jungpferde, andere Pferde zu beobachten und damit die Neugier wenigstens visuell etwas zu befrieden. Ganz gravierend ist aber die Tatsache, dass diese jungen Pferde keine Möglichkeit hatten, sich kontinuierlich zu bewegen, weil sie nur stundenweise und bei gutem Wetter auf eine Winterkoppel kamen.

Ahnen Sie schon, was jetzt kommt? Natürlich: die Folgen. Nach meiner Recherche leidet ein Teil dieser Pferde, die mehrere Winter dieses Martyrium durchleben mussten, jetzt im Erwachsenenalter sowohl an Verhaltensauffälligkeit als auch an schweren Erkrankungen. Ein Beispiel habe ich täglich vor Augen: Seit Mai 2008 steht auf unserem Pferdehof die sechsjährige Stute einer guten Bekannten. Sie hatte dieses Pferd selbst gezogen und auf dem beschriebenen Hof aufziehen lassen. Seit dem fünften Lebensjahr leidet diese Stute unter unheilbarer Schale. Eigentlich handelt sich bei dieser Erkrankung um Abnutzerscheinungen von Reitpferden. Allerdings stehen auch nachlässige Hufpflege (Einstreu, Hufbearbeitung), Bewegungsmangel und Fütterungsmängel in dringendem Verdacht, diese auszulösen. Da sowohl Vererbung (beide Elterntiere hatten dieses Problem nicht) als auch Abnutzung (die Stute wurde im vierten Lebensjahr leicht eingeritten) ausgeschlossen werden können, muss die Aufzucht als ursächlich angenommen werden.

Das Positive: Der Landwirt hat aus seinen Fehlern gelernt und inzwischen größere Laufställe mit stabilen Holztrennwänden und Panelabgrenzungen errichtet.

Degenerative Veränderungen in den Wachstumsbereichen der Gliedmaßenknochen

Neben den immer wieder vorkommenden traumatischen Erlebnissen, die viele Jungpferde erfahren müssen und die sich im Erwachsenenalter übelst rächen, sind es auch nachhaltige Aufzuchtfehler wie beispielsweise eine zu intensive Aufzucht besonders bei früh genutzten Pferden wie Galoppern und Trabern, die dauerhafte Schäden an Knochen und Sehnen nach sich ziehen können. Aber auch häufige Wechsel von so genannten Wachstumsdepressionen und Wachstumsschüben können orthopädische Probleme nach sich ziehen.

Wachstumsdepressionen entstehen beim jungen Pferd, wenn es eine Zeit lang mit Eiweiß (zum Beispiel der Aminosäure Lysin), Mineralstoffen oder Vitaminen unterversorgt wird. Der US-Forscher David L. Frape hat übrigens in einer neueren Studie nachgewiesen, dass psychischer Stress beim Absetzen über die dadurch verringerte Futteraufnahme Wachstumsdepressionen bei Fohlen auslöst.

Wachstumsschübe hingegen werden bei Jährlingen und Zweijährigen durch ein zu intensives Anweiden im Frühjahr – besonders durch das Mai-Gras – und das abrupte Aufstallen im Herbst mit plötzlich übermäßiger Zufütterung energiereichen Kraftfutters ausgelöst.

Gleichmäßiges Wachstum ist jedoch für eine gesunde Entwicklung während der Aufzuchtphase ungemein wichtig. Gerade wegen der bekannten intensiven Wachstumsschübe nach Phasen verringerten Wachstums und dem damit verbundenen Risiko für die Entstehung orthopädischer Erkrankungen wäre die Überwachung einer gleichmäßigen Wachstumsentwicklung durch monatliche Wiegungen anzuraten und würde einen wichtigen Beitrag zur Optimierung der Jungpferdeaufzucht leisten. Da dies in der Realität aber kaum umzusetzen ist – welcher Züchter verfügt schon über eine Pferdewaage? – bleibt nur die Überwachung durch das geschulte Auge.

Die Folgen von Wachstumsdepressionen und Wachstumsschüben werden aber auch

Bei einer zu intensiven Aufzucht »hinkt« die Skelettentwicklung der Muskeln hinterher.

maßgeblich durch die Art der Haltung beeinflusst. Jungpferde müssen in der Winterzeit in ausreichend großen Laufställen mit Außenauslauf gehalten werden. Dadurch regen sie sich gegenseitig zur Bewegung an, was die Entwicklung von Skelett, Bändern und Sehnen fördert. Bei Schlechtwetterphasen und geringeren Bewegungsmöglichkeiten ist die Kraftfutterzuteilung einzuschränken. Die verlangsamte Entwicklung während der Wintermonate wird dann später auf der Weide wieder ausgeglichen. Entscheidend allein ist, dass abrupte Wachstumsdepressionen und Wachstumsschübe vermieden werden.

Ernährungsfehler und Bewegungsmangel können degenerative (entartete) Veränderungen besonders in den Karpalgelenken, den Fesselgelenken sowie den Gelenkknorpeln hervorrufen.

Ein weiterer klassischer Fehler, der im Pferdeaufzuchtgeschehen gemacht wird, ist eine zu intensive Aufzucht, die durch Kapital und Ehrgeiz in vielen sportlichen Disziplinen bestimmt wird. Denn die intensive Aufzucht mit dem Ziel des schnellen Wachstums (»fertige«, im Gebäude harmonische Zweijährige) provoziert viele Erkrankungen beim später sportlich genutzten Pferd, die zu dauerhaften Schäden führen kann.

Besonders bei zu schnellem Wachstum durch zu viel Futter wachsen die Knochen im Verhältnis zu Muskeln und Geweben zu langsam. Dabei wachsen die Knochen zwar proportional in der Länge, aber nicht im Umfang.

Hierdurch entstehen zu hohe Druckkräfte pro Knochenfläche infolge des zu geringen Breitenwachstums der Knochen, was zu Problemen meist der Vorderbeine führt, da diese fast Zweidrittel des Körpergewichtes auffangen müssen. Diesem wichtigen Umstand wird zum Beispiel auf Körungen in der Weise Rechnung getragen, indem der Umfang des Röhrbeins gemessen und in die Bewertung mit aufgenommen wird.

Zu schnelles Wachstum bedingt auch eine zu geringe Mineralstoffversorgung der Knorpelmasse in den Wachstumsfugen. Knorpel bestehen aus Knorpelzellen und bilden ein biegsames Stützgewebe, das die Gelenke überzieht und elastische Verbindungen herstellt. Durch zu viel Energie und Eiweiß nimmt die Bildung von Cortisol und Inulin (auch Alantstärke genannt) zu, die eine ausreichende Mineralisation des Knorpels verhindern (Quelle: Helmut Meyer, Pferdefütterung).

In vielen Aufzuchtstätten wurden in den 80er und 90er Jahren – ja zum Teil noch heute – die Jungpferde zu intensiv aufgezogen, um bei den für die Vermarktung so wichtigen Zuchtschauen gute Wertungsnoten zu erhalten und die Gewinnchancen zu erhöhen. Im Gegenzug wurden und werden beispielsweise Arabische Jungpferde im Haupt- und Landgestüt Marbach (Baden-Württemberg) traditionell rassetypisch gefüttert und aufgezogen. Dabei sahen und sehen sie schlank und kantig, ja manchmal sogar schlaksig aus und erhielten auf den oben erwähnten Schauen in der Regel schlechtere Noten als die intensiv aufgezogenen Artgenossen kleinerer Privatzüchter. Dagegen wurden sie 5- und 6-jährig aufgrund ihres harmonischen Erscheinungsbildes, der guten Fundamente und des stabilen Knochenbaus häufig mit Höchstnoten bewertet und stellten dann nicht selten die Sieger der jeweiligen Altersklasse dar.

Es gibt eine ganze Reihe von körperlichen Spätfolgen, die durch eine fehlerhafte Aufzucht verursacht werden. Im Folgenden sollen die drei wichtigsten kurz umrissen werden:

»Sand im Getriebe« – Chips und Gelenkmäuse

Zur natürlichen Entwicklung des Skeletts von Fohlen gehören unterschiedliche Wachstumsprozesse im Bereich von Knorpeln und Knochen. Eine Entwicklungsstörung ist die entzündungsfreie und vom Knorpelgewebe ausgehende Veränderung der Knochen. Sie führt zur Abtrennung kleiner Knorpelstücke im Bereich der Gelenke, was als Osteochon-

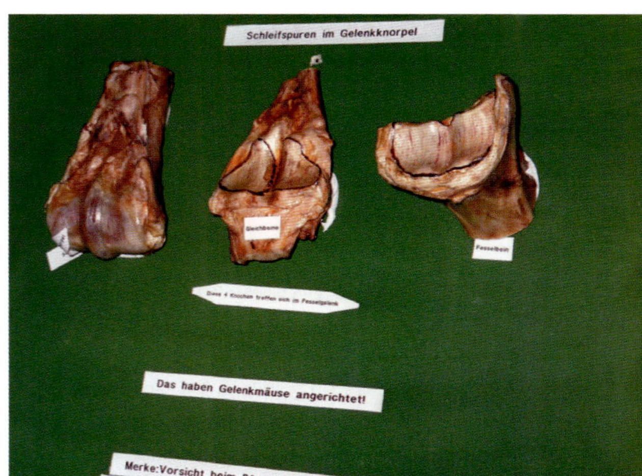

Gelenkmäuse im Erwachsenenalter können auch durch Entwicklungsstörungen in der Aufzucht entstehen.

drose bezeichnet wird. Diese losgelösten Knorpel-»Chips« verbleiben entweder an ihrer Entstehungsstelle oder wandern herum. Ihre Entstehung wird durch das Zusammenwirken falscher Ernährung und nicht artgerechter Aufzuchtbedingungen begünstigt.

Spinale Ataxie

Eine übermäßige Zufuhr von energie- und eiweißreichem Futter, das damit verbundene unverhältnismäßige Wachstum und die rasche Körpergewichtsentwicklung, Mineralstoffimbalancen, Haltungs- beziehungsweise Aufzuchtfehler und traumatische Einflüsse können degenerative Veränderungen der Bandscheiben (Halswirbel) nach sich ziehen, was zum so genannten Wobbler-Syndrom führen kann. Als Wobbler-Syndrom wird das klinische Symptom der spinalen Ataxie bezeichnet. Der Begriff beschreibt einen unsicheren, ataktischen Bewegungsablauf des erkrankten Tieres (»Wobbler« leitet sich vom altdeutschen Wort »wobbeln« = »wackeln«, engl. to wobble ab). Die Ursachen des Wobbler-Syndroms sind zwar mannigfaltig, klar ist aber inzwischen, dass Schnellwüchsigkeit und Fehlernährung begünstigende Faktoren darstellen.

Hufrollenentzündung

Die Hufrolle ist eine Funktionseinheit aus Strahlbein, dem Ende der tiefen Beugesehne und dem dazwischenliegenden Schleimbeutel. Meist erkranken beide Vorderhufe. Sie stellt eine typische, zum Teil zu frühe Abnutzungserscheinung von Reitpferden dar. Neben fehlerhafter Hufbearbeitung und dadurch bedingter falscher Gliedmaßenstellung des Jungpferdes in der Aufzucht entwickelt sich eine dauerhafte biomechanische Fehlbelastung, die zur chronischen Hufrollenentzündung und damit zur Unbrauchbarkeit des Pferdes führt.

Psychische Spätschäden

Weitere Missstände in der Aufzucht junger Pferde bestehen in Fehlern, die von Pferdezüchtern meist unwissentlich und unbewusst begangen werden. Eine Vielzahl so genannter Untugenden wie Bocken, Steigen, Durchgehen, Kleben oder sogar Beißen und Treten entstehen durch permanente Verletzungen der jungen »Pferdeseele«. Solche sind wiederum Bewegungsmangel und Haltungsfehler, aber auch falscher Umgang und Überforderung. Nicht selten leben Jungpferde in kleinen Verschlägen ohne Licht und Luft, wo sie den ganzen Winter – ja oft aus Platzmangel zu zweit oder zu dritt – verbringen müssen. Auch bei der Weidehaltung im Sommer werden psychische Schäden beim Jungpferd provoziert, wenn sie Insekten, Sonneneinstrahlung und Sommerhitze ohne Unterstand oder Rückzugsmöglichkeit ungeschützt ausgesetzt werden. Aber auch die Summe vieler kleiner Gewissenlosigkeiten führt letztlich dazu, dass der Brunnen irgendwann überläuft. Solche »Kleinigkeiten« sind fast überall anzutreffen: Unnötige Grobheiten, andauerndes falsches Handling durch zu viel oder zu wenig Fürsorglichkeit oder übermäßige Berührungen hinterlassen beim Fohlen traumatische Erlebnisse, die zum Vertrauensverlust gegenüber dem Menschen führen und

Nach dem Wegfall der staatlichen Körung beim Arabischen Pferd Ende der 80er-Jahre sind viele Züchter auf die Präsentation von Jungpferden angewiesen, um diese zu einem angemessenen Preis zu veräußern.

sich im Erwachsenenalter in so genannten »Untugenden« äußern. Es gibt Pferdezüchter, die unwissentlich, aber auch wissentlich Fehler machen, die beim Jungpferd irreparable Schäden hinterlassen. Solche können zum Beispiel das ständige Vorstellen auf verschiedenen Zuchtschauen sein, wie es beispielsweise in der Araberzucht praktiziert wurde und die Jungpferde – hier besonders die Einjährigen – überforderten. Bei diesen Veranstaltungen wurde überdies auch die »Würde« der Jährlinge verletzt: die Gesichter rasiert und mit schwarzer Schuhcreme geschminkt, um den »Dish« des rassetypischen Hengstkopfes besser herauszustellen (Auszug aus der Homepage eines Araberzüchters: »Schautraining leicht gemacht«: »Fehlt der Dish, nehmen Sie einen breiten Nasenriemen, den Sie kräftig zuziehen. Nun blähen sich auch die Nüstern, die Augen rollen.«). Eine andere Praktik war, die Schweifrüben mit einer juckenden Lotion einzureiben, damit die Jungpferde den Schweif schön hoch halten. Auch wurden den jungen Arabern wochenlang im Vorfeld von Schauen so genannte »Halskrausen« (Schwitzkragen) angelegt, damit sich der Hals schwanenförmig wölbt, was hohe Wertungsnoten für Kopf und Hals versprach. Diese absichtlichen Praktiken wurden glücklicherweise in den letzten Jahren immer weniger durchgeführt und sind heute zum Teil verboten.

Versäumnisse in der Jungpferdeausbildung

Ein weiterer bedeutender Fehler, der sich später im Umgang mit dem erwachsenen Pferd dauerhaft rächt, ist der Umstand, dass mit vielen Jungpferden so gut wie gar nichts unternommen wird, also ein reiner Erhaltungszustand in Stall- und Weidehaltung ohne Übungen, Beschäftigungen und Abwechslungen vorherrscht.

Man sollte schon im Fohlenalter Basisübungen wie Hufe geben, regelmäßig Halfter anlegen, vorsichtige Körper- und Kopfpflege (dazu gehören auch Augen, Ohren und Maul reinigen oder nur berühren), kurze Spaziergänge mit der Mutterstute, um die Umwelt kennen zu lernen oder einfache Führübungen in Gegenwart der Stute durchführen. Viele Umgangsprobleme wie zum Beispiel das unkooperative Verhalten des erwachsenen Pferdes bei der Hufbehandlung basieren auf einer unzureichenden Gewöhnung an die Hufpflege als Jungpferd oder aber wenn diese

Wehret den Anfängen ...

aus Zeitmangel grob und unbeherrscht praktiziert wurde.

Jungpferde sollten in der Regel früh in die Ausbildung genommen werden, etwa mit zweieinhalb Jahren, allerdings mit geringen körperlichen Anforderungen. So kann ein Jungpferd durchaus ein bis zwei Stunden an der Hand spazieren gehen, vernünftig in einem größeren Round Pen bewegt werden oder Bodenarbeit verrichten. Dabei steht die mentale Förderung im Vordergrund, weniger die körperliche.

Auch das Gewöhnen an den Sattel mittels einer Satteldecke, die locker mit einem elastischen Gurt verschnallt wird, erleichtert das spätere Aufsatteln und Anreiten und verhindert durch die frühe, nicht einschränkende Gewöhnung an das »Ding« auf dem Rücken einen möglichen späteren Sattelzwang. Ähnlich verhält es sich mit dem Auftrensen, wobei dem Jungpferd allerdings kein Metallgebiss, sondern ein Nahte- oder Gummigebiss eingelegt werden sollte. Allerdings darf man es nicht mit einem Gebiss führen, weil sich dieses verdrehen und einen unangenehmen Druck auf die Zunge und den Kiefer ausüben kann.

Anlongieren sollte man ein junges Pferd – entgegen vieler anderer Meinungen – nach meiner Ansicht erst dann, wenn es sein Gleichgewicht gefunden hat, also etwa ab dem vierten Lebensjahr. Denn die nicht unerheblichen Zentrifugalkräfte, die beim Laufen auf dem Zirkel – besonders in schnelleren Gangarten – auf die Pferdebeine einwirken, können beim sich im Wachstum befindlichen Pferd mehr Schaden anrichten als Nutzen bringen.

Handpferdereiten stellt eine ideale Vorbereitung auf die spätere Ausbildung dar.

Galopprennen mit Zweijährigen Vollblütern kann zu einem frühen Verschleiß führen.

Die Gesamtheit der einzelnen, mit vielen Pausen versehenen Vorbereitungen vermitteln dem jungen Pferd dann positive Erfahrungen und Vertrautheit zum Mensch, was zum Beispiel das spätere Anreiten begünstigt. Für den Zeitpunkt des Anreitens werden in der Fachwelt zwei Merkmale angegeben: zum einen der vollendete Zahnwechsel, zum anderen die geschlossene Wachstumsfuge der Röhrenknochen (Epiphysenfuge). Da sich beide Kriterien jedoch bei den verschiedenen Rassen auch unterschiedlich darstellen (drei bis sechs Jahre), kann keine einheitliche Empfehlung für das Anreiten genannt werden. Jedoch deutet alles darauf hin, dass das Schließen der Epiphysenfuge erst mit fünf bis sechs Jahren beendet ist. Die Realität sieht allerdings anders aus: Wenn Rennpferde bereits mit anderthalb und Reitpferde mit zweieinhalb Jahren aus marktorientierten Gründen angeritten werden (müssen), wird klar, warum in den Statistiken der Versicherungen und der FN das Durchschnittsalter von unbrauchbaren Reit- und Rennpferden in Deutschland bei sieben Jahren liegt. Gründe hierfür sind Erkrankungen wie Hufrollenentzündung, Rückenprobleme und Magengeschwüre, die allesamt auf einen zu frühen Beginn der körperlichen und mentalen Ausbildung hindeuten. Wann wird den Verantwortlichen der Reiterlichen Vereinigung (FN) endlich klar, dass sie die Kriterien im Leistungssport ändern müssen? Alle Zeitangaben von beispielsweise Materialprüfungen, Galopp- und Trabrennen für Zweijährige oder andere Prüfungen und Vorstellungen (Ablegen der Hengstleistungsprüfung mit vier Jahren oder Auktionen, bei denen die Pferde bereits dreijährig schwungvolle Aktionen zeigen müssen), müssten aus meiner Sicht mindestens zwei Jahre nach hinten verschoben werden, um diesen Missstand zu beenden.

Die »Gewöhnungsprüfung« – ein Fortschritt?

In der Leistungsprüfungsordnung (LPO) der Reiterlichen Vereinigung (FN) ist 2008 eine neue Prüfungsform verankert worden: die Gewöhnungsprüfung für Drei- und Vierjährige.

Anstatt aber eine echte Gewöhnungsprüfung einzuführen, bei der die jungen Pferde tatsächlich ausschließlich geführt werden und an der Hand das Dressurviereck, Hufschlagfiguren, das Laufen in der Abteilung, Aufmarschieren, Anhalten sowie Antreten kennen lernen und bewertet werden, hat man eine noch **schwierigere Reitpferdeprüfung** erfunden, deren Anforderungen alles andere als einfach und zum Eingewöhnen sind!

Es werden nicht nur die drei Grundgangarten und ein Handwechsel wie bisher in der Reitpferdeprüfung verlangt, sondern auch weitere Lektionen wie beispielsweise das Treten über Stangen. Die jungen Pferde sollen dabei genau wie die Teilnehmer der Reitpferdeprüfungen Takt, Losgelassenheit und Anlehnung zeigen. Allerdings sollen körperbauliche und bewegungstechnische Qualitäten bei der Bewertung außen vor bleiben. Wie das gehen soll, wird aber nicht erklärt, wie auch?

Ich frage mich deshalb, was die Urheber dieser neuen Prüfungsform dazu bewogen hat. Meiner Ansicht nach wurde die Chance verpasst, einen Schritt in die richtige Richtung zu tun und stattdessen eine **zugespitzte Prüfung** für junge Pferde entwickelt.

Die Erfahrungen der Spanischen Hofreitschule in Wien zeigen, dass später eingerittene Pferde länger gesund bleiben.

Dass es auch anders geht, zeigt die Praxis der Spanischen Hofreitschule, wo nach einer vorausgegangenen Ausbildung am Boden die Pferde erst mit fünf Jahren angeritten werden und trotz der fragwürdigen Boxenhaltung in der Regel intensiv bis ins hohe Alter gearbeitet werden.

Gravierende Aufzuchtfehler vermeiden!

Im Folgenden werden die häufigsten Kriterien, die während der Aufzucht vermieden oder beachtet werden sollten, vorgestellt. Diese Auflistung stellt natürlich nur einen Auszug dar, denn die Palette der Aufzuchtfehler, die gemacht werden können, ist vermutlich schier endlos.

Bodenbeschaffenheit von Ausläufen

Wechselnde Bodenbeschaffenheit von Weide und Ausläufen wie Erd- und Grasboden, Sand und Holzhackschnitzel fordert und fördert den Bewegungsapparat und gymnastiziert den Rücken des Jungpferdes. Dauerhaft zu weiche oder matschige Böden können zu Stellungsfehlern, wie zum Beispiel Durchtrittigkeit oder zu mangelhafter Konsistenz des Hufhorns führen.

Mindestens zwei Jungtiere in der Gruppe

Es sollten mindestens zwei ähnlich alte Jungtiere in der Gruppe vorhanden sein, die durch spielerische Bewegungen und Aktionen ihre Gelenke, Sehnen, Muskeln und Bänder trainieren, festigen und ausreichend entwickeln können. Denn ausschließlich ältere Pferde als Gruppenmitglieder sind in der Regel diesem Spieltrieb nicht mehr zugetan.

Hohe Trennwände in Boxen vermeiden

Durch zu hohe Trennwände der Boxen in der nächtlichen oder winterlichen Aufstallung ist das Fohlen beziehungsweise das Jungpferd gezwungen, beim Darüberschauen die Vorderbeine durchzustrecken, den Rücken zu biegen und den Hals/Kopf hochzuheben. Hierbei wird neben den Beinen auch der Rücken übermäßig und unnatürlich beansprucht, was später zu Rückenproblemen führen kann.

Hufkontrolle und -bearbeitung

In der Regel wird eine Hufpflege beim Fohlen etwa ab dem dritten Monat notwendig. Hierbei werden beginnende Zwanghufe oder zehenweite/zehenenge Hufstellungen durch das entsprechende Abraspeln des Tragrandes/Trachten sofort korrigiert, damit sich daraus kein Stellungsfehler entwickelt. Auch Neigungen zum Bockhuf oder Durchtrittigkeit können und müssen in diesem Alter durch Maßnahmen am Barhuf, eventuell sogar Klebeschuhen entgegengewirkt werden. »No hoof, no horse«, diesem uralten englischen Sprichwort sollte man unbedingt höchste Aufmerksamkeit schenken.

Punktuelle Matschbildung lässt sich nicht immer verhindern. Es sollten aber genügend Ausweichflächen vorhanden sein.

Gruppenzusammensetzung

Ideal in Bezug auf das Sozialverhalten und das sich daraus entwickelnde Verhaltensmuster gegenüber dem Menschen ist das Aufwach-

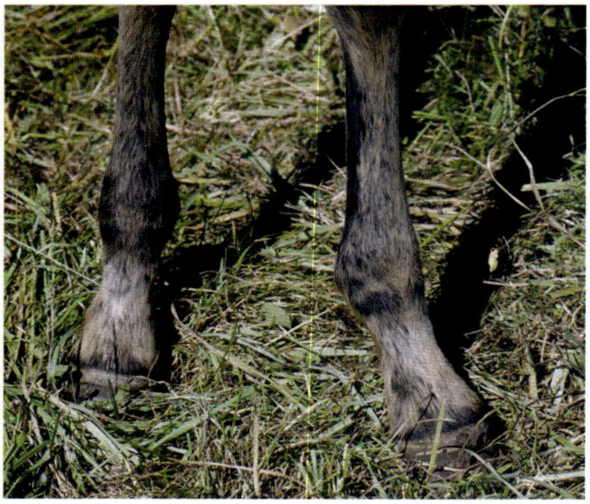

Fehlstellungen sollte unbedingt frühzeitig entgegengewirkt werden.

sen von mindestens zwei jungen Pferden in einer altersmäßig gemischten Gruppe. Dort erfahren sie alle notwendigen Rangordnungs- und Verhaltensweisen, die für einen unbeschwerten und gefahrlosen Umgang mit dem Menschen und anderer Artgenossen ein Leben lang sorgen.

Prägung des Fohlens

Das von dem Amerikaner Roger M. Miller entwickelte Imprint-Training bereits am ersten Lebenstag ist abzulehnen und kann beim Fohlen Traumata provozieren, die nie wieder korrigiert werden können. Miller empfiehlt, sofort nach der Geburt und dem ersten Aufnehmen der wichtigen Kolostralmilch, das Fohlen mit zwei kräftigen Menschen festzuhalten, ja sogar eventuell auf den Boden zu drücken und es an allen Körperteilen und Öffnungen zu berühren und mit der Hand beziehungsweise den Fingern in diese Öffnungen einzudringen, um es zu »prägen«. Diese frühe Prägung würde alle späteren Vorgänge wie Fieber messen, Trächtigkeitsuntersuchung, Zahnbehandlung oder Ohrenreinigung erleichtern. Hierzu ist zu sagen, dass jeder kompetente Pferdezüchter seine Fohlen »prägt« – aber sanft und schrittweise mit Geduld und Einfühlungsvermögen, was zu einem dauerhaften Erfolg führt, ohne das Fohlen zu traumatisieren.

Absetzen

Der beste Zeitpunkt des Absetzens hängt von der körperlichen und mentalen Entwicklung des Fohlens, seinem Geschlecht (Hengstfohlen werden bei guter Entwicklung meist früher abgesetzt als Stutfohlen) und den Haltungsbedingungen der Aufzuchtstätte ab. Große Gestüte wie das Haupt- und Landgestüt Marbach setzen alle Fohlen eines Jahrgangs gemeinsam ab und verbringen sie danach in je eine gleichgeschlechtliche Jungpferdegruppe, wo sie die schmerzhafte Trennung rasch überwinden. Um Traumata beim Fohlen nach dem Absetzen zu vermeiden, ist es deshalb unbedingt wichtig, dass es zusammen mit mindestens einem, besser mehreren Absetzern und zwar zeitgleich in eine Gruppe kommt, damit es nicht zu sehr und zu lange trauert.

Nach dem bereits oben erwähnten US-Amerikaner David L. Frape spielt der Zeitpunkt des Absetzens bei gutem Absetzmanagement nur eine untergeordnete Rolle für die Entwicklung, während die Art des Absetzens ausschlaggebend ist. Er veranschaulicht anhand von Ethogrammen (schriftliche Aufzeichnungen), dass abrupt abgesetzte Fohlen stärker gestresst werden, als Fohlen mit verzögertem Absetzen, indem sie jeden zweiten oder dritten Tag ein bis zwei Stunden

aus der Herde entfernt werden. Der Autor empfiehlt außerdem, während des Absetzens ein rohfaser- und fettreiches Ergänzungsfutter zu verabreichen, das im Gegensatz zu stärke- und zuckerreichem Futter den Stress vermindern soll.
In der freien Natur werden Fohlen übrigens bis zum 12. Lebensmonat gesäugt. Stutfohlen sogar bis zum 24. Lebensmonat, wenn die Stute nicht wieder tragend ist.

Wurmbehandlung

Leider wird von vielen Züchtern die regelmäßige und vor allem wirkungsvolle Vergabe von Wurmkuren häufig vernachlässigt, weil diese Geld, Arbeit, Zeit und Aufwand bedeuten. Verwurmte Absetzer und Jungtiere, die in gutem Glauben an eine fachgerechte Wurmbehandlung erworben wurden, haben zeitlebens ein Problem. Dies kann sich in einem gestörten Stoffwechsel, schlechter Futterverwertung oder und Neigung zu chronischem Durchfall und Kolik äußern. Regelmäßige und korrekt dosierte Entwurmungen sind deshalb unbedingt erforderlich.

Um den Trennungsschmerz gering zu halten, kann man das Absetzen gruppenweise durchführen.

Vermeidung von Infektionskrankheiten

Den erste »Rundumschutz« gegen Infektionskrankheiten erhält das neugeborene Fohlen durch die Kolostralmilch (Biestmilch oder Erstmilch). Nach dem Absetzen bis zum Ende des zweiten Lebensjahres ist das Jungpferd allerdings vielen Bakterien und Viren aus seiner Umgebung ausgesetzt und muss eine entsprechende Immunabwehr entwickeln. Im Rahmen einer geregelten Aufzucht und in einem homogenen Umfeld tut es das in ausreichendem Maße. Durchläuft es jedoch mehrere Stall- beziehungsweise Ortswechsel – zum Beispiel durch die bereits erwähnten Zuchtschauen –, kann sein Immunsystem überfordert werden. Dabei erleidet es häufig Erkrankungen der Atemwege, die unbedingt behandelt werden müssen, wenn daraus keine Spätschäden entstehen sollen (Dämpfigkeit, COB). Effektive Vermeidung von Infektionskrankheiten bieten regelmäßig durchgeführte Schutzimpfungen, zum Beispiel gegen die Fohlenfrühlähme.

Nährstoffmangel verhindern

Die ausreichende Zufuhr von Proteinen, Mengen- und Spurenelementen (vor allem Calcium) sowie Vitaminen muss gewährleistet sein und gegebenenfalls durch Zusatzfuttermittel abgesichert werden. Nährstoffmängel führen beim Jungpferd zu Wachstumsdepressionen und Wachstumsschäden, wie zum Beispiel der Rachitis (Entkalkung der Knochen durch Calciummangel).

Bewegungsmöglichkeiten

Verschiedene Forschungsergebnisse der letzten Jahre (zum Beispiel »Störung der Knorpelentwicklung von Fohlen auf Hannoveranergestüten«, Winkelsett 2005) zeigen auf, dass etwa ein Drittel der untersuchten Fohlen zwischen fünf und sieben Monaten röntgenologische Veränderungen der Knorpelentwicklung aufwiesen. Die Studien machen deutlich, dass die Fütterungspraktiken bei der Aufzucht nur zum Teil zu Knochenschädigungen beisteuern. Neben erblichen Anlagen ist es aber in erster Linie Bewegungsmangel, der für diese Entwicklung maßgeblich ursächlich ist. Deshalb ist die ausreichende und tägliche Bewegung für die gesunde Entwicklung des Jungpferdes unbedingt erforderlich.

Kontinuierliche Bewegungsmöglichkeiten sind für das heranwachsende Pferd unerlässlich.

»Entmannt« und isoliert: Mode-Hengste als Käfigtiere

Hengste sind das Sinnbild für Stolz, Männlichkeit, Kraft und Freiheitsgefühl. Ihre Ausstrahlung ist es, die von vielen Show-Reitern genutzt wird, um die Vorführungen so Aufsehen erregend wie möglich zu gestalten. Und scheinbar sind Hengste aus den inzwischen immer zahlreicher werdenden Horse-Events nicht mehr wegzudenken. Der Erfolg dieser Veranstaltungen mit ihren eindrucksvollen Showeinlagen führt dazu, dass auch zunehmend Freizeitreiter das Verlangen verspüren, einmal einen solchen Hengst zu besitzen. Dabei sind heute vor allem Barockpferderassen wie Andalusier, Menorquins und Friesen, aber auch Shetland-Ponys oder Arabische Vollblüter in Mode.

Ich selbst habe vor 22 Jahren einen jungen Arabischen Vollbluthengst aus der Marbacher Zucht erworben, um ihn zum Reiten und Züchten einzusetzen. Marbach deshalb, weil die Zuchtauslese und die Art der Aufzucht einen gesunden, nervenstarken und rittigen Hengst versprachen. Und diese Erwartung hat sich auch erfüllt. Trotz anfänglicher, nicht selbst verschuldeter Haltungsmängel (in dieser Zeit gab es außer auf Gestüten noch keine hengstspezifischen Offenstallplätze) war er zeitlebens umgänglich und eine »Bank« im Gelände. Bis auf einige unfreiwillige Abgänge beim Anreiten, die aber glimpflich verliefen, wurde ich von dem Hengst nicht ein einzi-

Die Ausdruckskraft von Hengsten begeistert viele Pferdefreunde.

ges Mal in den zwanzig Jahren seines Lebens verletzt oder hatte gar Angst im Umgang mit ihm oder beim Reiten. Ein Glücksfall? Ich gebe durchaus zu, dass ich mich beim Ausritt oder in der Reitbahn auf dem Hengst erhabener und wichtiger fühlte, als es bei unseren Stuten oder Wallachen der Fall war. Denn ich wusste um das äußere Erscheinungsbild meines auf einigen Zuchtschauen für Arabische Vollblüter prämierten, großrahmigen Hengstes. Da ich aber noch nie ein ausgeprägtes »Selbstdarstellungsbedürfnis« hatte, hat mich letztlich immer die Vernunft und die kontinuierlich hinzugewonnene Erfahrung vor schlimmen Geschehnissen in meinem Umfeld und dem des Hengstes bewahrt.

In iberisch geprägten Ländern werden Hengste traditionell zur Präsentation genutzt.

Hat der Wunsch nach einem Hengst egomanische Ursachen?

Als Egomanen bezeichnet man eine unter dem Symptom Egomanie (vom lateinischen ego = ich und griechischem manía = Raserei; auch als Ich-Sucht bezeichnet) leidende Person. Der/die Betroffene hat das Bedürfnis, stets im Mittelpunkt allen Handelns und Geschehens zu stehen. Ursache dafür ist ein krankhaft-übertriebenes Selbstbewusstsein. In abgeschwächter Form handelt es sich um eine Persönlichkeitsstörung.

In iberischen Ländern sind der Besitz und das Reiten eines Hengstes ausgeprägte Statussymbole. In Spanien beispielsweise gibt es so gut wie keine Wallache, weil sich ein Spanier niemals auf einen Kastraten setzen würde. Ich möchte spanische Männer und Frauen jetzt nicht als Pferde-Egomanen bezeichnen, es liegt wohl eher in ihrer Tradition begründet. Der Spanische Schritt zum Beispiel wurde im Stierkampf ausgeführt, um den Stier zu reizen. Und spanische Herrscher und Heerführer nutzten diese Lektion neben der Passage, um sich bei Paraden eindrucksvoll zu präsentieren. Da sich besonders Hengste für diese Arten des Ausdrucks eignen, scheint dies einer der Gründe für ihre Zurückhaltung beim Kastrieren zu sein.

Anders verhält es sich möglicherweise bei einigen Pferdeleuten in Deutschland, die sich zum Beispiel einen spanischen Hengst (Andalusier, Cartujano (PRE)) zugelegt haben.

Achten Sie doch einmal in Ihrem Umfeld auf solche Personen. Sind diese mit ihrem Hengst öfters im Mittelpunkt des Geschehens zu sehen? Einfach so, ohne Grund? Ahmen sie die barocke Reitweise nach oder versuchen es zumindest? In dieser Szene gibt es viele Hengste, und sie boomt wie noch nie. Deshalb wird ständig für Nachschub aus Spanien gesorgt. Findige Pferdehändler kaufen dort imposant aussehende Hengste für wenig Geld ein, mit denen schon die Iberer kaum zurechtkommen und importieren sie nach Deutschland. Meist haben sie obendrein schlechte Fundamente wegen dort fehlender Huffachleute oder stereotype Verhaltensweisen aufgrund der zum Teil katastrophalen Haltung. So gelangt dann der deutsche und vielleicht egomanisch veranlagte Freizeitreiter an einen »Traumhengst«, der ihm jedoch anstelle der erhofften Aufmerksamkeit nur einen Alptraum beschert.

Harte Schale mit weichem Kern

Leider wird immer noch vielfach die Ansicht vertreten, dass Hengste von Natur aus angriffslustig und gefährlich seien, und dass man sie aus diesem Grund möglichst isoliert von anderen Pferden halten müsse. Außerdem sollte man rigoros mit ihnen umgehen, um ihnen zu zeigen, »wer der Chef« ist.
Gerade aber diese Missdeutung des Hengstwesens und die daraus resultierenden falschen Haltungs- und Umgangsformen sind die Hauptursachen für Verhaltensstörungen mit anschließender tatsächlicher Aggression beim Hengst. Denn besonders Hengste besitzen trotz der harten Schale, die sie aufgrund ihres Fortpflanzungstriebes in der Nähe einer Stute zeigen, einen weichen Kern und sind näher betrachtet sehr empfindlich und deshalb leicht zu verderben.

Was sind die Motive für das typische Hengstverhalten?

Das als aggressiv erscheinende Imponiergehabe eines Hengstes ist ein genetisch determiniertes Verhaltensschema, ohne das Überleben und Fortpflanzung in der freien Wildbahn nicht möglich (gewesen) wäre. Dieses hengsteigene Verhalten basiert auf

Auch das Steigen ist fester Bestandteil des Hengstgehabes.

Aus mangelndem Verständnis für das Hengstwesen werden viele Hengste noch immer separat gehalten.

dem Sexualtrieb und dient zum einen dazu, die Paarungsbereitschaft der Stuten festzustellen, und zum anderen die Rangposition zu dokumentieren beziehungsweise die Stuten vor möglichen Nebenbuhlern zu verteidigen. In beiden Fällen versucht der Hengst durch eine angespannte Körperhaltung, Schwebetrab oder Steigen zu imponieren.

Das Kampfspiel zwischen Junghengsten sieht übrigens meist gefährlicher aus, als es ist: Die Hengste beschnuppern sich zunächst gegenseitig an den Flanken, stampfen dabei mit den Vorderbeinen, um sich Respekt zu verschaffen und versuchen dann durch Aufbäumen und Beißen, ihre Rangposition zu klären. Dabei geht dieser Kampf selten blutig aus, da der Unterlegene meist rechtzeitig das Weite sucht. Bei Leithengsten sind Kämpfe sogar die Ausnahme. Hier genügen oft schon, und für den Menschen kaum wahrnehmbare, feine Körpersignale als Rangdemonstration.

Diese typische Hengstmanier steckt in jedem männlichen Tier, auch im domestizierten. Sie ist instinktgeleitet und unabwendbar. Die Unkenntnis um die Hengstpsyche und das fehlende Verständnis für seine angeborenen Verhaltensweisen enden nicht selten in einem gefährlichen Machtkampf zwischen Tier und Mensch, der nicht sein muss. Denn bei artgemäßer Haltung und entsprechendem Umgang wird ein Hengst kaum Aggressivität zeigen. Die Hauptmotive für wirkliche Aggressionen wie Angreifen, Beißen oder Schlagen und abnorme Verhaltensweisen wie sexuelle Überreiztheit, aber auch sexuelles Desinteresse sind ständig unterdrückte Triebe und Bedürfnisse, Frustration und Vereinsamung, verursacht durch »Isolationshaft«, mangelnde Zuwendung und permanent zu grobe oder inkonsequente Behandlung.

Durch Kampfspiele klären Junghengste ihre Rangposition.

Welche Bedingungen müssen erfüllt sein, um einen Hengst halten zu können?

Oberstes Gebot ist es, einen Hengst niemals isoliert zu halten! Denn je intensiver die Beziehung eines Hengstes zu seiner Umgebung ist, desto wohler wird er sich fühlen und desto gelassener und ruhiger wird er sich verhalten.

Grundsätzlich stellt ein Hengst bezüglich seiner Haltung dieselben Ansprüche wie alle anderen Pferde, nämlich einen geräumigen, hellen Innenstall, in dem er Kontakt zu anderen Pferden pflegen kann, eine möglichst große und sicher eingezäunte Weide und einen Auslauf, auf dem der Freilauf bei jedem Wetter gewährleistet ist. Gerade der freie Auslauf ist für einen Hengst besonders wichtig. Hier kann er sich austoben und viele seiner Grundbedürfnisse befriedigen. Fehlt ihm diese Möglichkeit, kommt es in kürzester Zeit zu einem Triebstau und damit zu einer leicht nachvollziehbaren Aggressivität. Allerdings folgt durch eine Haltungsumstellung rasch eine spürbare Besserung, bei der der Hengst schließlich seine »Unarten« ablegt.

Für einen Deckhengst ist es natürlich am schönsten, wenn er mit seinen Stuten zusammen auf die Weide kann, was aber heute aus zuchttechnischen und anderen Gründen oft nicht möglich ist.

Dennoch sollte er niemals sein »Chef-Image« verlieren oder gar alleine im Stall zurückbleiben. Tagsüber oder in der Weideperiode sollte er deshalb über eine eigene Koppel verfügen, von wo aus er mit seiner »Gruppe« visuell und mittels Lautäußerung kommunizieren kann, ohne dass es zu ungewollten Bedeckungen kommt. Hierzu empfiehlt es sich, eine Weide zwischendrin frei zu lassen oder einen etwa 15 bis 20 Meter breiten Streifen zwischen den beiden Weiden zu belassen. Dieser Abstand auch deshalb, damit der Hengst nicht ständig die so genannten Sexualpheromone von Stuten aufnehmen und verarbeiten muss und dadurch reizüberflutet wird. Die Einzäunung der Hengstkoppel muss außerdem stabil genug sein und über eine ausreichende Höhe (mindestens 1.30, besser 1.50 Meter) verfügen. Am geeignetsten ist ein Holzzaun, den man zusätzlich mit einem Elektroband absichert. Nachts oder während des Aufenthalts im Stall sollte ein Hengst ebenfalls stets Sichtkontakt zu seinen Artgenossen haben.

Natürlich fühlen sich Hengste in der Gemeinschaft ihrer Stuten am wohlsten.

Ideale Boxennachbarn sind Wallache oder Junghengste, mit denen er durch eine sichere Holz-/Gittertrennwand ausreichend Kontakt hat. Stuten sollte man nur direkt neben einem Hengst platzieren, wenn er diese auch decken darf. Denn wenn der daraus resultierende, ständige Erregungszustand letztlich nicht abgebaut werden kann, wird das auf Dauer auch ein aggressives Verhalten auslösen. Gibt es mehrere Deckhengste in einem Gestüt, sollte man sie möglichst weit voneinander entfernen und in der Nähe »ihres Harems« aufstellen oder zusammen weit entfernt von den Stuten.

Die Haltung eines Reithengstes gestaltet sich meist komplizierter, da dieser häufig nicht in einem eigenen Stall oder Gestüt, sondern irgendwo in einem Pensionsstall steht. Auf keinen Fall aber darf ein Reithengst in einem geschlossenen Boxenstall, also ohne Kontakt zu anderen Pferden oder ohne täglichen Freilauf, untergebracht werden. Das Mindeste ist eine große Außenbox mit Schnupperkontakt zum Boxennachbarn und täglichem, stundenweise Koppelgang, den auch regelmäßiges Reiten keineswegs ersetzen kann. Jedoch sind solche Pensionsställe (meistens Vereinsställe) weniger geeignet für die Hengsthaltung. Denn zum einen bringt die ständige Tuchfühlung mit den dort aufgestellten Stuten auf Dauer immer Unruhe, und zum anderen birgt es die Gefahr des unsachgemäßen Umgangs durch das Stallpersonal. Besser ist es, sich einen privat organisierten, möglichst »stutenlosen« Stall bei Gleichgesinnten zu suchen, wo der Reithengst kompetent versorgt wird und vielfach sogar gemeinsamen Weidegang mit anderen Hengsten oder Wallachen genießen kann.

Diese beiden Hengste vertragen sich fernab von Stuten bestens.

In erster Linie braucht ein Hengst eine feste Bezugsperson, der er vertraut und die er respektiert.

Man sollte aber keinesfalls den Fehler begehen, einen neu hinzugekommenen Hengst kurzfristig zu den anderen Pferden auf die Weide zu lassen. Zunächst muss er sich an seine neue Umgebung gewöhnen und seine künftigen Lebensgefährten genügend, sprich: Box an Box und Zaun an Zaun kennen gelernt haben. Erst dann kann man das Wagnis eines gemeinsamen Freilaufes eingehen, der dann mit relativ geringem Verletzungsrisiko abläuft, bis die Rangfolge geklärt ist. Bedingung hierfür ist allerdings, dass die Pferde unbeschlagen sind, und dass die sicher eingezäunte Weide groß genug ist, um den Pferden ein Ausweichen zu ermöglichen. Ist ein gemeinsames Leben mit (einem) anderen Pferd(en) nicht möglich oder lässt es das Verhalten des Hengstes nicht zu, sollte man ihm in einer solchen Haltergemeinschaft wenigstens sein »eigenes Reich«, also Innenbox mit Auslauf und Koppel in Eigenarbeit so errichten, dass er Sicht- und gegebenenfalls Schnupperkontakt zu den Artgenossen hat.

Was muss man im Umgang mit einem Hengst beachten?

Wird ein Hengst seinen Bedürfnissen entsprechend gehalten, ist er in aller Regel leicht zu handeln und problemlos zu reiten. Die weit verbreitete Meinung, wonach Hengste rabiat zu handhaben seien, ist falsch, da es aggressives Verhalten erst bewirkt oder forciert, anstatt es zu beheben. Durch permanente Unterdrückung nämlich kommt es zu Frustrationen, die sich dann wiederum in Aggressionen äußern können. Rohe Vorgehensweise und ungerechte Behandlung werden auf Dauer jeden Hengst zur Gegenwehr veranlassen.

Ein weiterer wichtiger Aggressionsfaktor ist die Vereinsamung des Hengstes durch mangelnde Beschäftigung. Gerade Hengste, die »solo«, also ohne direkten Kontakt zu anderen Pferden leben, brauchen ein Mehr an Zuwendung und eine intensivere Beziehung zum Menschen, um keinen psychischen Schaden zu nehmen. Hierzu gehört auch die tägliche Streicheleinheit, wobei man ruhig mit dem Hengst schmusen darf. Denn ein aufgelegter Pferdekopf, ein sanftes Reiben oder ein liebevolles Knabbern am Ärmel sind keine Zeichen von Überlegenheit, sondern Ausdruck vertrauensvoller Freundschaft. Gerade Hengste sind dafür sehr empfänglich und oftmals sensibler als Stuten oder Wallache. Ferner benötigt ein Hengst eine sinnvolle Aufgabe, zum Beispiel vor der Kutsche oder unter dem Sattel. Auch Deckhengste sollten regelmäßig geritten werden. Vor allem Ausritte bieten dem Hengst die notwendige Abwechslung, die er braucht, um psychisch fit zu bleiben.

Andererseits können allzu große Nachgiebigkeit und vor allem Inkonsequenz einen Hengst zum Ausloten seiner Grenzen motivieren. Deshalb braucht gerade ein Hengst eine feste, möglichst nicht wechselnde Bezugsperson, die er als ranghöher respektiert und zu der er gleichzeitig volles Vertrauen hat. Denn der Mensch sollte niemals der Gegner eines Hengstes sein, sondern zuverlässiger Begleiter und Freund. Auch in der freien Wildbahn ist das ranghöchste Tier kein Feind, vor dem man sich fürchten oder das man bekämpfen müsste, sondern das Tier, dass Beschützer ist und auf das man sich verlassen kann. Natürlich muss der Hengsthalter sein Pferd jederzeit unter Kontrolle halten können, aber nicht durch Gewalt, sondern mittels eines souveränen und ruhigen Auftretens, das sowohl durch die Körperhaltung als auch durch die Sprache zum Ausdruck kommen muss. Je ungezwungener man verfährt, desto ausgeglichener wird der Hengst sich verhalten. Insbesondere Ruhe und Konsequenz sind die »Erfolgsrezepte« für einen reibungslosen Umgang mit Hengsten.

Außerdem muss der Hengsthalter genaue Kenntnisse von der Hengstpsyche und den damit verbundenen Eigenschaften und typischen Verhaltenweisen haben, damit er seinen vierbeinigen Freund nicht ungerecht behandelt oder ihn gar für sein bloßes »Hengstsein« bestraft. Es gehört viel Erfahrung dazu, immer angemessen zu reagieren. In vielen Situationen ist deshalb Beruhigung oder Ablenkung angebrachter als ein energisches Vorgehen. Gewaltsames Handeln ist aber in jedem Fall falsch, da dadurch Widersetzlichkeiten nur verstärkt werden. Vielmehr sollte man sich mit überlegener Beharrlichkeit durchsetzen.

Schließlich muss ein verantwortlicher Hengsteigner gewisse Sicherheitsregeln einhalten. Hierzu gehört beispielsweise, dass man den Hengst nur mit einem Gebiss führt, und dass die Führleine lang genug ist, um bei einem etwaigen Steigen nicht in Bedrängnis zu geraten. Beim Reiten sollte man stets auf einen Sicherheitsabstand zu anderen Pferden achten, vor allem in der Decksaison beziehungsweise in der natürlichen Paarungszeit etwa von März bis Oktober. Besondere Vorsicht ist auf vielberittenen Reitplätzen, in vollbesetzten Reithallen, auf Veranstaltungen, beim Vorbeireiten an Pferdeweiden und bei gemeinsamen Ausritten geboten.

Ein Reithengst als Freizeitpartner?

Das Halten von Reithengsten hat in den letzten Jahren stark zugenommen und viele schaffen sich einen Hengst sogar nur deshalb an, weil es zurzeit »in« ist oder weil sie in diesem Modetrend nicht zurückstehen möchten. Das ist leichtfertig. Der Kauf eines Reithengstes will gut überlegt sein, damit der Traum für den Besitzer nicht zum Angsttraum und für den Hengst zur Hölle wird. Es gibt bestimmt einige Freizeitreiter, die ihrem Hengst in Haltung und Umgang gerecht werden können und viel Freude mit ihm haben. Für die Mehrzahl wäre aber eine hübsche Stute oder ein Wallach sicherlich besser geeignet.

Ein Reithengst sollte nie in einem geschlossenen Boxenstall untergebracht sein.

Wer dennoch unbedingt einen Reithengst haben möchte, muss vorab klären, ob die speziellen Anforderungen, die ein Hengst stellt, erfüllt sind:

- Als Erstes muss sichergestellt sein, dass der Hengst artgemäß gehalten werden kann, also große Box mit Sozialkontakt und möglichst ganztägigem Auslauf.

- Auch muss der Hengsthalter fundierte Reitkenntnisse besitzen und über ausreichende Erfahrung im Umgang mit Pferden verfügen. Denn Hengste sind keine Anfängerpferde.

- Der Hengsteigner sollte außerdem genügend Wissen von den hengsteigenen Verhaltensweisen haben sowie selbst psychisch konstant und belastbar sein. Hengste gehören nicht in die Hände von ängstlichen, nervösen, hektischen oder unbeherrschten Menschen.

- Ferner muss der Hengsthalter viel Zeit mitbringen, um ausreichend mit seinem Pferd zusammensein zu können. Für Menschen, die oft beruflich unterwegs sind oder die nach Dienstschluss oder Arbeitsende noch schnell reiten wollen, sind Hengste nicht geeignet.

- Für den Urlaub oder den Krankheitsfall sollte man sich rechtzeitig um eine verlässliche Vertretung kümmern. Diese Person muss vom Hengst ebenfalls vertrauensvoll respektiert werden, damit diese ihn gefahrlos versorgen und bewegen kann.

- Schließlich sollte man den Hengst für den »Fall der Fälle« angemessen versichern. Allerdings sind Versicherungen im Schadensfall nicht zur Zahlung verpflichtet, wenn die Sicherheitsvorkehrungen nicht den jeweiligen Anforderungen entsprechen, also zum Beispiel ein zu niedriger Zaun. Auch besteht keine Zahlungspflicht, wenn Kinder oder Jugendliche unter 14 Jahren mit der Hengstbetreuung beauftragt waren.

Regelmäßige Ausritte sind ein wichtiger Teil einer artgerechten Hengsthaltung.

Aus der Freundschaft gerissen: Was Stallwechsel für Pferde bedeuten

Pferde sind gesellige und kommunikative Tiere und entwickeln oft enge Beziehungen zu bestimmten Artgenossen. Doch worauf begründen sich diese Freundschaften, wie äußern sie sich und was bedeutet das für einen Stallwechsel und den Pferdehalter?

Sozialgefüge in der freien Wildbahn

Das Sozialverhalten von Pferden, die in so genannter freier Wildbahn leben, wurde inzwischen eingehend erforscht. Dabei wird zwischen reinen Wildpferden, wie zum Beispiel dem Przewalskipferd oder auch Mongolischem Wildpferd, verwilderten Pferden wie dem amerikanischen Mustang, den Brumbys in Australien oder den Namibischen Wildpferden und halbwild lebenden Pferden wie dem Dülmener, dem Exmoor-Pony, dem Senner Pferd oder dem Camargue-Pferd unterschieden.

Allen diesen in relativer Freiheit lebenden Pferden ist eines gemein: Sie bilden in der Regel kleine Familientrupps, so genannte Harems, zu denen immer ein erwachsener Hengst, ein bis zwei Stuten, deren Fohlen und die ein- und zweijährigen Jungtiere gehören. Wer zur Familie zählt, ist nicht nur Mitglied, sondern auch Partner und Freund.

Das so genannte Neugeborenen- oder Adoptionspheromon (Equine Appeasing Pheromon) trägt zu einer engen Bindung zwischen Stute und Fohlen bei.

Echte Pferdefreundschaften halten oft ein Leben lang.

Während ihres ganzen Lebens haben Pferde immer enge Bindungen zu ein oder mehreren Artgenossen. In der Entwicklungsphase wechseln jedoch die Beziehungen öfter. Die Bindung zur Mutter ist bei Fohlen am intensivsten, später spielen die Geschwister eine wichtige Rolle.

Sobald sie den Familienverband verlassen, sind Gleichaltrige desselben Geschlechts, die zum Teil auch Geschwister sind, die bevorzugten Partner. Mit der Gründung eines neuen Clans beziehungsweise dem Anschluss an einen anderen Familientrupp entwickeln sich dann feste Beziehungen zwischen den erwachsenen Tieren, die viele Jahre und nicht selten ein Leben lang halten. Nur der Tod, die Vertreibung des Haremshengstes oder das Abspenstigmachen einer Stute durch einen anderen Hengst können diese engen Bindungen zwischen den Pferden gezwungener Maßen beenden. Das zeigt, wie intensiv Freundschaft und Partnerschaft unter Pferden gehandhabt werden und macht deutlich, wie groß die Verantwortung gegenüber dem domestizierten Pferd in unserer Obhut ist. Denn auch die Domestikation des Pferdes über Jahrtausende hat sein Sozialverhalten nicht verändert. Als Überlebensgenie hat es allerdings gelernt, sich unter dem Einfluss des Menschen den veränderten Bedingungen anzupassen und war beziehungsweise ist gezwungen, sich diesen zu unterwerfen. Inwieweit die unterschiedlichen und unnatürlichen Veränderungen im Sozialgeschehen sowie vom Menschen wissentliche oder auch unwissentliche Zwangsmaßnahmen auf das Pferd einwirken und sein komplexes Wesen beeinflussen, soll in den folgenden Ausführungen beleuchtet werden.

Echte Freundschaften und Zweckgemeinschaften

Anders als in der freien Wildbahn ist die Zusammensetzung der Hauspferdegruppe nicht frei gewählt, sondern wird vom Menschen bestimmt. Auch der Sexualtrieb spielt hier – wenn überhaupt – nur eine untergeordnete Rolle, da die meisten Pferdegruppen keine Haremsstruktur besitzen, sondern aus Gleichgeschlechtlichen oder gemischten Gruppen mit Stuten und Wallachen beste-

Zweckgemeinschaften finden sich häufig dort, wo nur zwei Pferde gehalten werden.

hen. Jedoch bestehen auch bei Hauspferden echte Freundschaften, was eine zweijährige Studie der Biologin Dr. Anja Wasilewski ergab. Geforscht wurde am Redwings Horse Sanctuary bei Norwich in England, weil auf diesem großen Gnadenhof idealerweise insgesamt 1.600 Pferde in verschiedenen Herden zusammenleben. Das bemerkenswerteste Forschungsergebnis lautet: Pferde wählen ihre Gesellschaft ganz genau aus. Sie bilden vornehmlich Gruppen von sechs bis neun Tieren, wobei gleichaltrige Pferde und solche, die gleichzeitig in eine Herde gekommen sind, besonders häufig Freunde werden beziehungsweise bleiben. Auf der anderen Seite wurde in dieser Untersuchung aber auch festgestellt, dass Pferde, die bei ihren vorherigen Besitzern als unzertrennlich galten, nach ihrer Integration auf dem Gnadenhof unerwartet eigene Wege beschritten. Als feste Freunde in die neue Herde gekommen, fanden sie dort eine große Auswahl anderer Artgenossen und die vermeintliche Freundschaft, die anscheinend nur eine Zweckgemeinschaft gewesen war, ging allmählich auseinander.

Rücksichtslos: Einzelhaltung und häufige Stallwechsel

Der intensive Kontakt zu Artgenossen ist ein elementares Bedürfnis des Pferdes, und es fühlt sich ohne ihn nie ganz wohl und sicher. Weder der Mensch noch ein artfremdes Beistelltier kann diese Rolle vollkommen und langfristig ersetzen. Deshalb ist zum Beispiel die völlige Einzelhaltung, die hier und da, insbesondere auf dem Land, anzutreffen ist, mit das Artwidrigste, was einem Pferd angetan werden kann. Als erstes Land weltweit hat Schweden unlängst die Einzelhaltung von Pferden verboten – allerdings nicht mit der notwendigen Konsequenz, denn auch artfremde Tiere werden als Gesellschaft anerkannt.

In der freien Wildbahn leben Pferde nur ausnahmsweise, vorübergehend und aus der Not geboren alleine, bis sie eine neue Familie gefunden haben. Auch in der oben genannten Forschungsarbeit konnten immer wieder Außenseiter entdeckt werden, die aber stets in der Peripherie der Herde lebten und auch nicht von den anderen Pferden abgelehnt wurden. Bei Unruhe oder vermeintlicher Gefahr schlossen sich diese Tiere jedoch immer einer der Pferdegruppen an.

Auch häufige Stallwechsel, bei denen das Pferd immer wieder aus seiner vertrauten Umgebung und gewachsenen Freundschaften zu Artgenossen gerissen wird, sind höchst bedenklich.

In diesem Zusammenhang sind neuerdings so genannte »Stallnomaden« in Verruf geraten. Damit sind Pferdebesitzer gemeint, die ihre Pferde vornehmlich in Pensionsbetrieben einstellen, es dort aber aufgrund ihrer Mentalität und Einstellung aus verschiedenen Gründen nie lange aushalten und sich wieder einen neuen Stall suchen. Dabei entspricht das Wort »Nomade« nicht wirklich den Umständen dieser Erscheinungsform und ist eigentlich irreführend. Denn als Nomaden werden Menschen und Gesellschaften be-

Artfremde Stallgenossen sind nur ein geringer Trost für ein einzeln gehaltenes Pferd.

»Stallnomaden« denken in erster Linie an ihre eigenen Vorteile und vergessen dabei meist die Bedürfnisse ihrer Pferde.

zeichnet, die aus kulturellen, ökonomischen oder weltanschaulichen Gründen ein nicht sesshaftes Leben wählen. Die Bezeichnung Nomade stammt aus dem Griechischen (nomás) und heißt wörtlich übersetzt »mit Herden herumziehend«. Es sind also nicht Einzelpersonen mit einem Tier, die sich auf dauerhafter Wanderschaft befinden, sondern Gruppen von Menschen mit ihren Herden. »Stallnomaden« müssten also eher »Stall-Berber«, »Pferde-Steppenwölfe« oder »Stall-Eremiten« genannt werden.

Als »Pferdenomaden« könnten eher Pferdezirkusse oder Show-Reiter-Gemeinschaften bezeichnet werden. Denn sie ziehen mit ihren Pferden zwar stets von Ort zu Ort, stellen aber immer wieder das selbe Stallzelt auf und quartieren die Pferde in der Regel jedes Mal in die gleiche Box mit denselben Nachbarn ein. So sind solche Show-Pferde also trotz häufiger Ortswechsel immer mit dem unmittelbar identischen Umfeld und gleichbleibenden Pferdepartnern umgeben. Daraus erklärt sich vermutlich auch ihre relative Gelassenheit, wenn sie die anspruchsvolle Arbeit in der Manege oder Reitbahn absolvieren müssen. Diese Kontinuität von direktem Umfeld und nahezu gleichbleibenden equiden Partnern ist bei den einzeln umherziehenden »Stallnomaden« nicht gegeben. Bei ihnen muss sich das betroffene Pferd immer wieder mit einem neuen Umfeld, unbekannten Pferden und Menschen sowie veränderten Haltungsbedingungen und Futtermitteln auseinander setzen. Sicherlich hat fast jeder Pferdebesitzer einen oder mehrere Stallwechsel im Laufe des Lebens mit seinem Pferd durchgeführt. Die Frage ist nur, in welchen Abständen, wie oft und ob der Stallwechsel mit verbesserten Bedingungen für das Pferd einherging.

Meine persönlichen Erfahrungen mit Pferdehaltern, die sehr häufig den Stall wechseln, haben ergeben, dass ihre Beweggründe oftmals im persönlichen Umfeld zu finden sind und eher monetäre und soziale Ursachen haben, als die Absicht einer Haltungsverbesserung ihres Pferdes. Dass sie mit ihrer Vorgehensweise in erster Linie ihrem Pferd schaden, fällt ihnen vermutlich gar nicht auf, verdrängen es ins Unterbewusstsein oder interpretieren es falsch. Verhaltensänderungen wie überhöhte Scheuneigung oder Kleben durch mangelndes Selbstvertrauen oder

Verlustängste sind typische Folgen häufiger Stallwechsel ebenso wie Stresskoliken oder Apathie als Zeichen der Aufgabe.

Was muss bei einem Stallwechsel beachtet werden?

Der Wechsel in eine neue Umgebung stellt für das Pferd immer einen massiven Eingriff dar. Es muss sich komplett neu orientieren, was einen außerordentlichen Stress verursacht. Ausnahmen bilden Lehrgänge, die zum Beispiel nur eine Woche dauern und das Pferd aus Erfahrung gelernt hat, dass es anschließend wieder in den heimischen Stall zurückkehrt. Deshalb müssen im Vorfeld eines Stallwechsels wichtige Gesichtspunkte für das Pferd erkannt, durchdacht und vorbereitet werden.

Solche Aspekte sind zum Beispiel der Platzbedarf, Sicherheitsabstände zu neuen Nachbarn, Futterumstellung und Eingliederung. Überdies sollte jeder Wechsel in eine neue Umgebung die Haltungsbedingungen möglichst verbessern und nie verschlechtern. Lebte das Pferd bisher in einer Gruppenauslaufhaltung, sollte es nach einem Umzug nicht in eine Innenbox ohne Auslauf gesteckt werden.

Außerdem kann eine abrupte Futterumstellung im neuen Stall zusammen mit dem zweifelsfrei entstehenden Stress in der Eingewöhnungsphase – welcher durch die Trennung von Freunden aus dem alten Stall noch verstärkt wird – zu Erkrankungen wie Durchfall oder Kolik führen. Deshalb sollte man ausreichend Futter aus dem alten Stall

Der erste Kontakt zu neuen Boxennachbarn ist das gefahrlose Beschnuppern.

mitnehmen (Kraftfutter, aber auch Heu) und dieses in den ersten Tagen ausschließlich verfüttern. Erst danach kann das mitgebrachte Futter allmählich mit dem neuen Futter gemischt und verfüttert werden, bis nach etwa 14 Tagen ausschließlich neues Futter gegeben wird.

Auch sollte der »Neue« in seiner für ihn zunächst fremden Umgebung über ähnliche Platzverhältnisse wie zuvor verfügen.

Eine kleinere Box könnte durch die geringere Fläche zum Festliegen oder Anstoßen mit Kopfverletzungen führen. Bei einer Außenbox mit Einzelpaddock müssen bestimmte Sicherheitsvorkehrungen beachtet werden. Dabei darf der Neuankömmling zunächst nicht sofort auf den Einzelpaddock gelassen werden, sollte aber Sichtkontakt nach draußen haben – zum Beispiel durch eine doppelflügelige Außentür, deren unterer Teil geschlossen bleibt. So kann er seine neuen Nachbarn draußen beobachten und anfangs im Stallinneren näher kennen lernen, wobei durch die unten geschlossenen Boxenwände aus Holz und die darüber befindlichen Gitter Verletzungen vermieden werden. Hat man den Eindruck, dass es zu Streitigkeiten kommt, sollte man Umstellungen vornehmen, bis sich Boxennachbarn gefunden haben, die dann auch gefahrlos zusammen in die angrenzenden Außenpaddocks entlassen werden können. Überdies muss die Einfriedung des Einzelpaddocks sicher sein, damit keine Verletzungen entstehen können.

Unter Spannung stehende Elektrozäune (siehe Kapitel 9 Wenn die »psychologische Sperre« zum Alptraum wird) sind als Trennvorrichtungen zwischen den kleinen Außenpaddocks absolut ungeeignet, weil sie beim Kennenlernen berührt werden können und infolge des Stromschlags Verwirrung bei der Klärung der Rangordnung auslösen. Auch sollte man sich Gedanken über das neue Mobiliar in der Box und dem Einzelpaddock machen. Die Tränkevorrichtung sollte in der neuen Umgebung ähnlich angeordnet sein wie in der bisherigen. Pferde, die bislang ausschließlich aus Eimern oder großen Tränkebehältern Wasser aufgenommen haben, müssen die Bedienung von Selbsttränken erst lernen. Hier sollte anfangs immer ein Eimer mit sauberem Wasser vorhanden sein, entweder sicher in einer Ecke der Innenbox stehend oder an speziellen Halterungen aufgehängt. Auch herausstehende Futterkrippen, Heuraufen oder Salzlecksteine müssen vom Pferd in der neuen Umgebung erst mental und raummäßig eingeordnet werden, damit es nicht zu Verletzungen kommt.

Ähnliches gilt für die Eingliederung in eine Herde bei der Gruppenauslaufhaltung, die stets mit Bedacht und unter Aufsicht stattfin-

Die Eingliederung eines neuen Pferdes in die Gruppenhaltung sollte schrittweise und unter bestimmten Sicherheitsvorkehrungen erfolgen:

Zunächst ein temporärer Doppelzaun, ...

dann die direktere Kontaktaufnahme und schließlich ...

der gemeinsame Freilauf.

den muss. Hierzu sollten sich die Pferde zunächst über eine sichere Abtrennung hinweg kennen lernen, bevor sie auf einer möglichst großen Weide zusammen gelassen werden. Bis der Neuankömmling seine Position in der Rangordnung gefunden hat, können einige Wochen vergehen, echte Freundschaften dauern sogar Monate.

An das neue Umfeld außerhalb von Stall, Paddock und Weide muss er sich ebenfalls erst gewöhnen. Zu diesem Zweck nimmt man das Pferd am besten an die Hand und führt es überall herum. Hierfür sollte man sich ausreichend Zeit nehmen, immer wieder stehen bleiben und das Pferd schauen und schnuppern lassen. Beruhigende Worte ohne ängstliche Stimme sind hierbei sehr hilfreich.

Wichtig ist ferner, dass der »Neue« den Reitplatz oder die Halle zunächst mittels Longe oder Freilauf kennen lernt, bevor man ihn reitet. Auf diese Weise verringert man das Risiko von Scheuen oder anderen Fluchtreaktionen.

Das unbekannte Gelände entdeckt es am gefahrlosesten gemeinsam mit einem zweiten, möglichst ruhigen Artgenossen, der mit dem Gelände gut vertraut ist. Je nach Temperament und Ausbildungsstand kann man das neue Pferd hierzu von Anfang an im Schritt reiten oder es zunächst mit geeigneter Zäumung führen.

Generell sollte das Pferd in der Eingewöhnungszeit geschont werden, sprich ihm die Zeit zu geben, die es braucht, um sich wirklich zu akklimatisieren. Das heißt nicht, dass es nicht gearbeitet werden darf, man sollte es aber keinesfalls überfordern oder gar mit neuen Trainingsmethoden konfrontieren. Körper und Psyche werden mit der Umstellung schon genug belastet. Eine Überbelastung könnte zu psychischen und physischen Problemen führen. Eine entsprechende Rücksichtnahme sollte darum selbstverständlich sein.

Pferde in Bauernhand:
Dilemma mangelnder Sachkunde in bäuerlichen Pensionsbetrieben

Um es vorweg zu sagen: Landwirte benötigen für die Umstellung ihres Betriebes auf Pensionspferdehaltung keinerlei zusätzliche Qualifikationen oder Nachweise, die eine gewisse Sachkunde garantieren. In vielen landwirtschaftlichen Organisationen, Genossenschaften oder Verbänden werden den Landwirten zwar Kurse angeboten, deren Inhalte teilweise dem so genannten »Sachkundenachweis« recht nahe kommen, überwiegend werden aber wirtschaftliche Aspekte vermittelt, zum Beispiel wie man die Umstellung von der Viehhaltung auf die Fremdpferdehaltung finanziell möglichst effektiv gestaltet.

Wer gewerbsmäßig Pferde halten, also einen Reit- und/oder Fahrbetrieb eröffnen möchte, benötigt vor Aufnahme dieser Tätigkeit eine Erlaubnis nach § 11 Abs. 1 Nr. 3 c des Tierschutzgesetzes. Um diese zu erlangen, muss der Verantwortliche neben geeigneten Räumlichkeiten und Einrichtungen für die Pferde auch seine Sachkunde und Zuverlässigkeit nachweisen. »Für gewerbsmäßige Pferdehalter sollte die regelmäßige Teilnahme an Fort- und Weiterbildungsveranstaltungen selbstverständlich sein, aber auch Hobbyhaltern wird der Besuch entsprechender Veranstaltungen, wie sie beispielsweise von der Deutschen Reiterlichen Vereinigung (FN), den Landwirtschaftskammern oder von den jeweiligen Landes- und Pferdezuchtverbänden angeboten werden, dringend empfohlen. Häufig führen einfache Veränderungen in der Haltung zu erheblichen Verbesserungen für die Tiere«, so die Empfehlung der Landwirtschaftskammer Hannover.

Seit dem Jahr 2000 ist in der Ausbildungs-Prüfungs-Ordnung (APO) der Deutschen Reiterlichen Vereinigung (FN) der Sachkundenachweis verankert, der sich an solche Personen richtet, die einen pferdehaltenden Betrieb führen möchten. Darunter fallen aber eben nicht Landwirte, Pferdewirte FN oder Turnierreiter mit entsprechenden Erfolgen. Der Sachkundenachweis wurde von der Deutschen Reiterlichen Vereinigung konzipiert und besteht aus Inhalten verschiedener Prüfungen rund um den Pferdeberuf. Diese befassen sich in der Regel mit Tierschutzgesetzen und deren Verordnungen, Haltungs-

Viele Pferdeeinsteller bemängeln die fehlende Fachkompetenz, wenn es zum Beispiel um das Erkennen einer möglichen Kolik geht oder um eine nicht sichere Einzäunung.

anforderungen und Umgang mit Pferden, Tiergesundheit, Erste Hilfe und Anlagenbau. Allerdings sind die Gebühren derartiger Kurse einschließlich der Abschlussprüfung relativ hoch. Sie kosten inklusiv Verpflegung exklusiv Unterkunft zwischen 300 und 400 Euro und dauern drei bis fünf Tage. Vermutlich schrecken die hohen Kosten, die Ungewissheit, die Prüfung zu bestehen und der Zeitaufwand von fast einer Woche viele Landwirte ab, diese Fortbildungsveranstaltungen wahrzunehmen. Hinzu kommt, dass die Prüfungsorte in Deutschland noch nicht flächendeckend vorhanden sind, also meist sehr weit entfernt vom jeweiligen Hof des Landwirts liegen.

Bei der Recherche zu diesem Thema fiel ins Auge, dass viele Pferdebesitzer Probleme mit Stallbetreibern haben, die (ehemals) Landwirte sind. Als Anlass wurde beispielsweise angegeben, dass der Landwirt akute Erkrankungen wie Kolik oder allergischer Schock eingestellter Pferde nicht erkenne.

Außerdem seien sie »unbelehrbar und nicht willens, etwas dazu zu lernen« und hätten »von Pferden nicht die blasseste Ahnung und betrachten sie wie Kühe«. Außerdem komme es immer wieder zu Verletzungen, »wenn die Pferde aus den Boxen preschen und durcheinander auf die Weiden rennen, weil der Bauer selbst kein Pferd anfasst, um es aufzuhalftern«. Die Weiden seien zudem oft unzureichend eingezäunt und es komme immer wieder zu Ausbrüchen. Solche und viele ähnliche Erlebnisse sind sehr häufig zu hören.

Als Grund, warum die betroffenen Pferdebesitzer den Stall nicht wechseln, wird meist angegeben, dass die Einstellungskosten in herkömmlichen Pferdebetrieben weit über denen von Landwirten lägen und sie dieses Geld nicht aufbringen könnten.

Bei all diesen Erfahrungen stellt sich allerdings die Frage, ob sie Ausnahmen sind oder ob es tatsächlich die Regel ist, dass Pferdehaltung in bäuerlichen Pensionsbetrieben unbefriedigend, antiquiert, oder gar auf Dauer gesundheitsgefährdend ist.

Historisch betrachtet wäre jedenfalls ohne Bauern die traditionell gewachsene Pferdezucht in Deutschland kaum möglich gewesen. Denn es waren bäuerliche Familienbetriebe, in denen nicht nur die Zucht, sondern auch die Aufzucht sinnvoll und wertemäßig eingegliedert war. Da der Bauer überdies im eigenen Interesse und dem seiner Familie von der Pferdekraft abhängig war, ging er entsprechend sorgsam und fachgerecht mit dem Pferd um. Allerdings ließ in den 50er

Jahren des letzten Jahrhunderts infolge der Motorisierung das Interesse der Bauern am Pferd nach. Mit dem Ausscheiden des betagten Bauers aus dem Arbeitsprozess ging dann meist auch das letzte Pferd vom Hof.
Erst mit der Wiederentdeckung des Pferdes als Freizeit- und Sportpartner Ende der 60er-Anfang der 70er-Jahre stieg erneut der Bedarf beziehungsweise die Nachfrage an

Arbeitspferde waren einst auf jedem Bauernhof zu finden.

Reit- und Fahrpferden. Und da diese nicht ausschließlich in den wenigen verbliebenen, staatlichen Gestüten gezüchtet werden konnten, war auch der Bauer wieder gefragt. Allerdings musste jener gleichsam bei Null anfangen, da inzwischen nahezu eine Generation Bauern ohne Pferde und entsprechend »pferdeunerfahren« ihren sonstigen landwirtschaftlichen Arbeiten nachgegangen waren, also in erster Linie Nutztierzucht und Bearbeitung landwirtschaftlicher Flächen einschließlich der Ernten. Inzwischen haben sich aber solche Betriebe, die sowohl klassische Landwirtschaft als auch Pferdzucht und -haltung nunmehr fast ein halbes Jahrhundert betreiben, fest etabliert. Und nicht selten stammen Spitzenreiter, Ausbilder, Züchter und Top-Pferde aus bäuerlichen Traditionen, die sich Anfang der 70er Jahre aufgrund des damaligen Pferdebooms entwickelten.
Kritisch betrachtet werden müssen allerdings solche landwirtschaftlichen Einrichtungen, die sich aufgrund der Agrarreformen der letzten Jahre auf die Pferdehaltung umgestellt haben. Diesen Betrieben beziehungsweise ihren Verantwortlichen fehlt die oben angesprochene letzte Tradition. Sie sind noch starr auf Erwerbsmaximierung orientiert und betrachten eingestellte Pferde hauptsächlich als Geldquelle ähnlich ihren Nutztieren, mit denen sie groß wurden. Auch werden Stallungen, die auf die Bedürfnisse von Nutztieren ausgerichtet waren, ohne großes Nachdenken zu Pferdeställen umfunktioniert. Infolge unflexibler Einstellung mangelt es dann oft an der Bereitschaft, Umbaumaßnahmen durchzuführen, um pferdegerechtere Haltung zu ermöglichen.

In diesem ehemaligen Kuhstall hätte sich geradezu ein moderner Paddockboxen-Stall mittels Wanddurchbrüchen angeboten. Stattdessen wurden die ehemaligen Öffnungen aufgemauert und noch kleinere Fenster vor den geplanten Innenboxen eingesetzt.

Es fehlt an Licht, Luft und Auslauf, es bestehen Defizite oder Unausgewogenheiten in der Fütterung, und die Pferde stehen nicht selten in Tiefstreu. Da solche Landwirte bisher nur peripher mit Pferden zu tun hatten, ist auch eine gewisse Unbeholfenheit beim Umgang wahrzunehmen. Weidegang gibt es in der Regel nur im Sommer, im Winter stehen die Pferde meist im Stall. Der Restbestand alter Zäune aus Stachel-, Glatt- oder Maschendraht stellt zudem eine große Verletzungsgefahr für Pferde dar. Aber auch die klassischen Ärgernisse wie geschlossene Stallfenster im Winter oder über Nacht abgeschaltete Selbsttränken bei Frost, statt diese zu isolieren, gibt es immer noch.

Kontroversen im Bauernstall

Konflikte zwischen Pferdebesitzern und dem Landwirt als Pensionsstallbetreiber basieren daher meist auf unterschiedlichen Meinungen, Vorstellungen, Charakteren oder fehlendem fachlichen Hintergrund. In solchen Strukturen stehen Auseinandersetzungen oftmals an der Tagesordnung.
Aber auch bäuerliche Stallbetreiber, die sich des lieben Friedens willen aus Streitigkeiten zwischen einzelnen Pferdeeinstellern und aus allem Unangenehmen heraushalten, sind für eine stabile und intakte Stallatmosphäre eher ungeeignet. Unklare Regeln sowie das Unvermögen, Menschen zu leiten, tun

Die inzwischen hohen Ansprüche der Pferdeeinsteller stoßen oft auf Unverständnis beim Landwirt.

ein Übriges. Schließlich fehlt vielen Landwirten das Verständnis für eine professionelle Dienstleistung. Deshalb werden in vielen bäuerlichen Stallbetrieben Pferdeeinsteller immer noch wie »Bittsteller« behandelt.

Fortschrittliche Schweizer: »BTS« und »RAUS«

Das Bundesamt für Landwirtschaft in der Schweiz hat zwei neue Verordnungspakete verabschiedet, die ab dem Jahr 2009 Landwirten, die Pensionspferde eingestallt haben, Subventionen ermöglicht, welche im direkten Zusammenhang mit pferdefreundlicher Haltung stehen: zum einen das Tierhaltungsprogramm »besonders tierfreundliche Stallhaltungssysteme« (BTS) und »regelmäßiger Auslauf von Pferden im Freien« (RAUS). Die BTS-Zuschüsse betragen etwa 65 Euro pro Pferd und Jahr, der RAUS-Beitrag etwa 130 Euro. Beitragsberechtigt sind nur so genannte direktzahlungsberechtigte Landwirte, da es bei diesen Maßnahmen um ihre Einkommenssicherung geht. Heute leben weit über 70.000 Pferde in der Schweiz auf Bauernhöfen. Mit den neuen Programmen erhoffen sich die Verantwortlichen einen Weggang der Pferde aus kasernierten Pferdebetrieben hin in pferdefreundliche, landwirtschaftlich geprägte Kleinbetriebe. Somit könnten in Zukunft noch weit mehr Pferde in den Genuss eines verbesserten Haltungskomforts gelangen. Die Ausführungsbestimmungen des BTS-Entwurfs schreiben dabei ausschließlich

Gruppenhaltung vor. Weiterhin ist von einem »Mehrflächen-Haltungssystem« die Rede, das heißt, die Ställe haben mindestens zwei klar voneinander getrennte Bereiche aufzuweisen, also einen Innenbereich mit Liegezonen und einen Außenbereich mit Auslauf und Weiden.

Das RAUS-Programm beinhaltet, dass Pferde während der Vegetationszeit (Weidesaison) mindestens 26 Tage pro Monat Auslauf auf Weideflächen haben müssen und während der Winterfütterungsperiode mindestens 13 Tage pro Monat ins Freie dürfen beziehungsweise sollen. So könnten also Landwirte, die Reitstallbetreiber sind und Einstellpferde in einem »Einflächen-Haltungssystem«, sprich Stallgebäude mit Innenboxen untergebracht haben, durch die Zuschüsse in ein »Mehrflächen-Haltungssystem« wechseln. Bei 20 eingestellten Pferden eines landwirtschaftlichen Reitstalls betrügen die Zuschüsse dann etwa 4000 Euro pro Jahr. Ein Umbau von einer Innenbox zu einer Außenbox mit Auslauf kostet bei 20 Boxen etwa 1000 Euro pro Box. Somit hätte sich die Investition dank der Zuschüsse nach fünf Jahren amortisiert.

Es bleibt zu hoffen, dass sich solche oder ähnliche Anreize für Landwirte auch in Deutschland und Österreich entwickeln und durchsetzen. Um die Pferdekompetenz zu steigern, wäre es außerdem begrüßenswert, wenn der Sachkundenachweis auch oder gerade für umstellungswillige Landwirte obligatorisch würde.

Vorbildlich: Das »Mehrflächen-Haltungssystem« ist Voraussetzung der Schweizer »BTS« und »RAUS« Programme.

Frei und zufrieden?
Dauerstress im Offenstall

Es gibt eine ganze Reihe von Faktoren, die das Leben eines Pferdes in der so genannten Gruppenauslaufhaltung – landläufig auch als Offenstall bezeichnet – zur Hölle machen kann. Grundsätzlich ist natürlich die freie und offene Haltung der Boxenhaltung vorzuziehen, da sich die Pferde in direkter Gesellschaft anderer Artgenossen befinden und sie hier die meisten ihrer Bedürfnisse befriedigen können. Das setzt aber eine durchdachte Konzeption der baulichen Anlagen wie auch der Flächenaufteilung voraus, die eng an die pferdespezifischen Verhaltensweisen geknüpft sein müssen.

Zu kleine Auslaufzonen, falsch konzipierte Ruhebereiche in Innenräumen oder eine ge-

Zu enge Räume führen beim Fressen zu Futterneid.

Wozu Dauerstress führen kann

Ein Pferd steht unter Dauerstress, wenn es ständig oder sehr häufig immer den gleichen **Stressfaktoren** ausgesetzt wird. Solche können im Offenstall Futterneid, Schlafstörungen oder »agonistische« Verhaltensmuster ranghoher Pferde sein wie zum Beispiel »von einem Platz verweisen« oder Drohgebärden durch Mimik (geringe Aggressivität), aber auch Androhen eines Bisses, oder Schlages sowie Jagen (hohe Aggressivität).

Wirken solche Stressfaktoren unablässig auf ein **rangniederes Tier** ein, kann dies zu einer ständig sich wiederholenden oder gar dauerhaften Ausschüttung der körpereigenen Hormone **Adrenalin** und Cortisol führen, was erhebliche Folgen für den Stoffwechsel hat: Der Blutzuckerspiegel steigt an, körpereigene Fettdepots werden abgebaut (Abmagerung und überhöhter Blutfettspiegel) und das in den Muskeln und Organen befindliches Eiweiß wird als Energiereserve genutzt, wobei es zu Muskelverspannungen, Muskelabbau, Organ- und Wachstumsstörungen kommen kann. Als psychische Folge ist meist **Apathie** als Zeichen der Aufgabe zu beobachten.

dankenlose Fütterungspraxis sind für Pferde Dauerstressfaktoren, die sie beeinträchtigen und anomale Verhaltensweisen entstehen lassen.

Individuelle Ausschlussgründe

Darüber hinaus eignen sich längst nicht alle Pferde für die Gruppenauslaufhaltung. Es gibt durchaus Fälle, bei denen die gemeinschaftliche Haltung gar nicht oder nur mit einem beträchtlichen baulichen und organisatorischen Aufwand umgesetzt werden könnte.

Als heikel kann sich beispielsweise die Eingliederung eines älteren und dominanten Pferdes erweisen, das dem bisher ranghöchsten Tier in der Offenstallgruppe den Platz streitig machen will. Wenn man in einem solchen Fall keine umfangreiche und kontinuierliche Eingliederung durchführt, kann dies zu großen und langfristigen Problemen führen.

Ebenfalls schwierig ist die Integration von Pferden, die durch langjährige Einzelunterbringung das Sozialverhalten nahezu verlernt haben. In diesem Fall könnte man dieses Pferd zunächst mit nur einem verträglichen Artgenossen über einen längeren Zeitraum zusammenstellen (Zweiergemeinschaft), bis es in eine größere Gruppe eingegliedert werden kann. Die Haltung in der Gruppe wäre ebenfalls nur unter erheblichen Schwierigkeiten in einem Stall möglich, in dem häufige Fluktuation stattfindet, also zum Beispiel in Verkaufs- oder Turnierställen, in denen kein stabiles Sozialgefüge über einen längeren Zeitraum besteht.

Werden Sport- oder Zuchtpferde dagegen nur ein paar Mal im Jahr aus dem Verband genommen, um zum Beispiel auf Turnieren oder Schauen vorgestellt zu werden, ist die »Wiedereingliederung« eher unkompliziert. Viele Distanz- oder Wanderpferde leben in einer Gruppe und haben nach einigen Tagen Abwesenheit keine Integrationsprobleme.

Fressstände verhindern futterneidische Aktionen.

Die Gruppenhaltung ist dagegen für solche Pferde ungeeignet, die aus welchen Gründen auch immer von den anderen nicht akzeptiert und vehement verjagt werden, obwohl sie sich einzuordnen versuchen. Letztlich sind auch Pferde mit einem stark ausgeprägten Futterneid grundsätzlich als problematisch für die Gruppenauslaufhaltung einzustufen, weil auch hier permanente Auseinandersetzungen drohen.
Weitere Einschränkungen ergeben sich zum Beispiel bei Heustauballergikern, denen man das Heu regelmäßig wässern muss, oder bei Pferden mit chronischen Erkrankungen, besonders an den Extremitäten. Hier sind unter Umständen individuelle Lösungen erforderlich und der entsprechende Mehraufwand einzukalkulieren.

Welche Rolle spielt die Gruppenzusammenstellung?

Will man aus einem Stall mit Einzelunterbringung (Innenboxen) einen Gruppenauslaufstall machen, sollte die Gruppenzusammenstellung nach Möglichkeit für alle Pferde zum gleichen Zeitpunkt durchgeführt werden. Das veränderte Umfeld und die neue Haltungsform lenken die Pferde dann zunächst ab und lassen sie eher zusammenhalten als gegeneinander zu handeln.
Günstig sind in der Regel geschlechtlich einheitliche Pferde, also beispielsweise nur Stuten oder Wallache. Aber auch ein Wallach mit mehreren Stuten ist eher unproblematisch. Ungünstig scheint dagegen die Konstellation mehrerer Wallache mit einer Stute zu sein. Aber auch hier gilt: Ausnahmen bestätigen die Regel.

Homogene Pferdegruppen harmonieren meist am besten.

Es kann auch von Vorteil sein, wenn Pferde in der offenen Stallhaltung von ihrer Mentalität zueinander passen und typhomogen, zumindest aber typähnlich sind. Dies ist beispielsweise bei rassespezifischen Gemeinsamkeiten der Fall, also, wenn Pferdegruppen ausschließlich aus kälteren Klimazonen (Norweger, Haflinger, Isländer) oder klimatisch gemäßigteren Bereichen (Warmblüter, Vollblüter, Quarterhorse) zusammengestellt werden. Diese Pferde harmonieren in der Regel besser miteinander, weil sie ähnliche Individualdistanzen und Bewegungsmotivationen besitzen. Sind diese sehr unterschiedlich, was genetisch bedingt ist, werden sie untereinander häufig falsch interpretiert. Wichtig für ein stressarmes Leben in der Gruppenhaltung ist schließlich die Zusammenstellung der Pferdegemeinschaft. Kleingruppen von zwei bis acht Pferden sind ideal, größere Einheiten nur auf großflächigen Paddocks beziehungsweise Stallbereichen realisierbar. Hier sollten wenigstens immer die inzwischen einheitlichen Mindestempfehlungen von Tierschutzorganisationen beziehungsweise Leitlinien von Pferdefachverbänden eingehalten werden, was den Platzbedarf in der offenen Gruppenhaltung betrifft. In Ruhebereichen sollte man mindestens nach der Formel Widerristhöhe x 2 x 3 gehen, bei einem 1,60 m großen Pferd also knapp zehn Quadratmeter. Für einen Gruppenauslauf sind etwa 50–200 Quadratmeter pro mittelgroßes Pferd anzusetzen.

Bei Pferden von unterschiedlicher Mentalität kann es zu Ausgrenzungen kommen.

Ruhebereiche müssen ausreichend Platz, mindestens zwei Eingänge und trockene Einstreu bieten.

Schlaflos in der Gruppe

Ein Leben ohne dauerhaften Stress ist im Offenstall nur dann gewährleistet, wenn bestimmte Einrichtungen beziehungsweise Raumaufteilungen vorhanden sind, die den arttypischen Besonderheiten von Pferden gerecht werden. Unbedingt notwendig ist ein Innenbereich mit ausreichend Platz zum Ruhen und Schlafen. Er sollte zudem über eine Einstreu verfügen, die weich und trocken ist und keine Fressanreize bietet, um Futterneid zu vermeiden. Überdies ermöglichen zum Beispiel Raumteiler oder so genannte Trennwandkreuzbuchten einen angstfreien Schlaf von Pferden, die am Ende der Rangordnung stehen.

Untersuchungen haben ergeben, dass sich rangniedere Pferde in einer undurchdachten Gruppenauslaufhaltung weniger ausruhen und sich kaum hinlegen konnten, um den wichtigen, wenn auch kurzen Tiefschlaf zu erhalten. Fehler in der Gestaltung des Offenstalls und bei der Gruppenzusammenstellung können grundsätzlich das Ruheverhalten der Pferde nachhaltig beeinflussen. Solche eingeschränkten oder gestörten Ruhezeiten verursachen dann nicht selten Erschöpfungszustände und Leistungsminderung, langfristig aber auch Verhaltensanomalien.

Domestizierte Pferde schlafen bevorzugt nachts. Dabei unterscheidet man drei Schlafzustände, mit denen das Pferd zusammen fünf bis sieben Stunden täglich verbringt.

Die Hälfte des Schlafes erfolgt beim Pferd durch das Dösen im Stehen.

Das Dösen im Stehen stellt ein Übergangsstadium zwischen Wachen und Schlafen dar. Es regeneriert den Körper durch die Verminderung der Herz- und Atemfrequenzen, Entspannung der Muskulatur und halb oder ganz geschlossene Augenlider.

Der Tiefschlaf hingegen erfolgt entweder in der Brustlage oder ausgestreckten Seitenlage und besitzt zwei unterschiedliche Intensitätsstufen. In der Brustlage wird der so genannte »Slow-Wave-Schlaf« durchgeführt. Herz- und Atemfrequenz werden noch mehr reduziert, die Körpertemperatur sinkt, und es finden umfangreiche Regenerationsprozesse im Gewebe und in den inneren Organen statt.

In der ausgestreckten Seitenlage wird der »Rapid-Eye-Movement-Schlaf« (REM-Schlaf-Phase) ausgeübt. Er dient dem Pferd zur eigentlichen körperlichen Erholung und geht mit Augenbewegungen und Muskelzuckungen an den Gliedmaßen einher. Messungen mit dem EEG (Elektroenzephalogramm) haben gezeigt, dass in dieser Phase das Gehirn sehr aktiv ist. Offenbar laufen hier aktive nervliche Regenerationsprozesse ab, die für die Funktion des gesamten Organismus unentbehrlich sind. Da er meist nur wenige Minuten dauert, wird er vom Pferdehalter kaum wahr- oder ernstgenommen.

Der »Slow-Wave-Tiefschlaf« dauert in der Nacht insgesamt über zwei Stunden, der »Rapid-Eye-Movement-Schlaf« bei ausgewachsenen Pferden und in stressfreier Haltung in etwa zehn Einzelphasen über jeweils fünf Minuten. Prinzipiell finden die erholsamen Tiefschlafphasen nur in einer vertrauten Umgebung und in Gesellschaft von Artgenossen statt. Entzieht man Pferden diese Tiefschlafphasen, oder werden sie infolge Angst daran gehindert, können gesundheitliche Störungen folgen. Schon nach wenigen Tagen ohne Tiefschlaf können Konzentrationsmängel, erhöhte Aggression, Schreckhaftigkeit oder Nervosität auftreten.

Frisch abgesetzte Fohlen reduzieren übrigens ihre Schlafzeiten bei der Einzelhaltung um fast 25 Prozent. Ein weiterer Hinweis auf die nicht artgerechte Haltung eines Aufzuchtpferdes.

Um das Schlafverhalten innerhalb einer Gruppe beurteilen zu können, ist regelmä-

Für die Regeneration des Pferdes unentbehrlich ist das Schlafen in der Brustlage (oben) und Seitenlage (unten).

ßig eine genaue Beobachtung angesagt, besonders nachts. Denn bei jedem Pferd sind die Individual- und Toleranzdistanzen unterschiedlich ausgeprägt. Auf jeden Fall muss bei Gruppenhaltung jedem Pferd eine individuelle Ruhezone ermöglicht werden. Dies kann durch streng getrennte Liege- und Fressbereiche, ausreichend große Flächen, Separierung unverträglicher Tiere voneinander oder nächtlicher Einzelhaltung rangniedriger Pferde geschehen, zum Beispiel in der Notbox eines Offenstalls.

Viele der so genannten Untugenden basieren nicht selten auf Schlafmangel.

Zwischen Matsch, Mist und Plastik: Warum Tiefstreu, blanke Matten und Matsch unseren Pferden schaden

Ob im Stall oder auf dem Paddock: ein geeigneter Bodenbelag ist entscheidend für die Gesundheit und das Wohlbefinden des Pferdes. Irrglaube und Fehler können über kurz oder lang Verletzungen und Erkrankungen zur Folge haben. Darüber hinaus spielt der Bodenbelag eine zentrale Rolle für das Schlafverhalten.

Tiefstreu

Noch immer wird heutzutage in vielen Pferdeställen die so genannte Matratzeneinstreu (Tiefstreu) praktiziert. Hierzu werden beim täglichen Ausmisten nur die oberen Pferdeäpfel entfernt (nicht aber der Urin) und frisches Stroh darübergestreut.

Die Gründe waren und sind Zeitersparnis und die Bildung einer warmen Bodenfläche besonders im Winter. Diese traditionelle Form der Tierhaltung gibt es seit Urzeiten. Denn früher hielt man zum Beispiel die kälteempfindlichen Schweine in einem Stall, der direkt an die Heimstätte des Bauern angrenzte, wodurch es im Schweinestall wärmer war und zugleich dem Wohnbereich der Menschen weniger Wärme entzogen wurde. Damals machte man sich über Schadgase und deren Gesundheitsbeeinträchtigung sicherlich keine Gedanken. Heute weiß man um diese Schadgase. Deshalb ist es umso verwunderlicher, dass die Matratzenstreu aus-

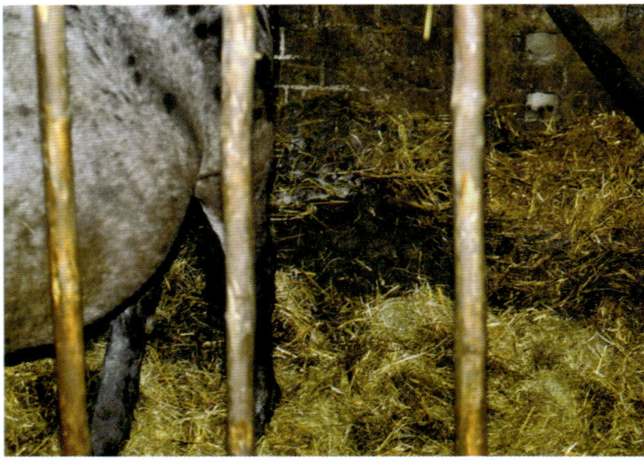

In unhygienischer Matratzenstreu entwickeln sich viele Schadgase.

Tiefstreu führt nicht selten zu chronischen Atemwegserkrankungen.

gerechnet noch bei den besonders Schadgas empfindlichen Pferden angewendet wird. Auch das Argument der Bodenwärme ist angesichts der Nachteile gerade bei den Kälte unempfindlichen Pferden nicht nachvollziehbar. 2006 wurde übrigens in einer deutschen Pferdefachzeitschrift folgendes darüber geschrieben: »Gut gepflegt ist die Matratzenstreu nicht viel unhygienischer als die Wechselstreu. Im Untergrund der Matratze findet ein bakterieller Abbau des Mistes statt und Schadgase wie Ammoniak bleiben in der Matratze gebunden.« Im schlimmsten Fall haben diesen Satz 80.000 Pferdehalter gelesen, denn so hoch ist die Auflage dieses Magazins.

Nach einer wissenschaftlichen Veröffentlichung der Freien Universität Berlin 2008 stellen, wie bereits erwähnt, Atemwegserkrankungen des Pferdes nach Erkrankungen des Bewegungsapparates die zweithäufigste Ursache für Leistungseinbußen und Unbrauchbarkeit dar. Warum das so ist, liegt an der miserablen Stallluft in unzähligen Pferdeställen, in denen keine ausreichende Frischluftzufuhr stattfindet. Und jetzt auch noch diese Tiefstreu-Empfehlung!

Bei der Recherche zu diesem Thema fanden sich unterschiedliche Informationen, sowohl die noch immer im Gehirn fest verankerte Ansicht, Tiefstreu sei o.k., als auch seriöse, wissenschaftliche Studien, die eben ein ganz anderes Bild ergeben: So steigt die Schadstoffkonzentration von Ammoniak und Methan in bodennaher Umgebung einer Matratzenstreu mit fortschreitender Lagerungsdauer der Fäkalien zum Teil beträchtlich an. Daneben wurden weitere Schadgase wie Schwefelwasserstoff, Kohlendioxid, Distickstoffoxid (Lachgas) sowie zusätzliche 136 Spurengase festgestellt (Uni Göttingen).

Grenzwerte und Auswirkungen auf die Gesundheit

Im Positionspapier der Tierärztlichen Vereinigung für Tierschutz e.V. (2005) wird ein Grenzwert von 10 ppm (= 7 Milligramm pro

Besonders hohe Schadgaskonzentrationen wurden in Bodennähe nachgewiesen.

Kubikmeter Luft) Ammoniak in der Luft gefordert. Allerdings wurde bereits 1995 in einem Versuch mit drei Vollblutstuten nachgewiesen, dass die Aufnahme ab 2 ppm Ammoniakkonzentration in der Stallluft über einen Zeitraum von 40 Stunden zu klinisch sichtbaren und histologischen (in Körpergeweben) Veränderungen im Atmungsapparat führt.

Experimentelle Untersuchungen zu Gaskonzentrationen im Pferdestall mit Boxenhaltung (2006) der Georg-August Universität Göttingen (Amke Hörmann) ergaben, dass nach der fünften Woche einer Tiefstreumatratze die Werte von Ammoniakbelastung stark anstiegen und in der achten Versuchswoche im Mittel bei 5,8 ppm lagen, mit zunehmender Tendenz. Zudem hatte sich die Temperatur in der Mistmatratze durch die mikrobiellen Prozesse in der Versuchzeit erhöht, was die Abbauprozesse zusätzlich verstärke. Gleichzeitig wurde in dieser Versuchsreihe durch die steigenden anaeroben (luftdichten) Verhältnisse in den Schichten der Matratze ein deutlicher Anstieg von Methan festgestellt.

»Weichbetten«

In den Verordnungen über den »Schutz der Tiere« des österreichischen Tierschutzgesetzes (TSchG, 2006) heißt es unter Punkt 2. (Allgemeine Haltungsvorschriften von Gebäude und Stalleinrichtungen): »Die Böden müssen rutschfest sein und so gestaltet und unterhalten werden, dass die Tiere keine Verletzungen oder Schmerzen erleiden. Die Liegeflächen der Tiere müssen eingestreut, trocken und so strukturiert sein, dass alle Tiere gleichzeitig und ungehindert liegen können (Quelle: www.pferdezucht-kaernten.at/pdf/tierschutzgesetz).«

Im deutschen Tierschutzgesetz (neue Fassung 2006) ist diese zwingende Vorgabe übrigens nicht vorhanden, auch nicht in der 40-seitigen »Allgemeinen Verwaltungsvorschrift zur Durchführung des Tierschutzgesetzes«. Lediglich der Deutsche Tierschutzbund empfiehlt in seinem Positionspapier »Pferdehaltung« unter Absatz 6.1. die Verwendung von Einstreu in Ruhebereichen.

Inzwischen gibt es eine ganze Reihe verschiedener Einstreuarten im Pferdegeschehen. Neben dem klassischen Einstreu Stroh und Holzspäne auch staub- und keimarme

Wechselstreu aus Stroh auf einem rutschfesten Untergrund hat sich bewährt.

Produkte verschiedener Ausgangsmaterialien (Papier, Leinen, Hanf) beispielsweise für allergische Pferde oder solche mit Erkrankungen der Atemwege.
Wichtig in diesem Zusammenhang ist, dass ungeeignete Kombinationen von Bodenfläche und Einstreuart vermieden werden sollten, also zum Beispiel Stroh (Wechselstreu) auf Beton. Diese birgt Rutschgefahr des Pferdes beim Aufstehen in sich, belastet die Gelenke, kann Druckstellen erzeugen und ist für das Pferd unbequem. Die gängigste, sauberste und am einfachsten zu handhabende Kombination ist Stroh auf einer Schicht aus Hobelspänen (10–15 cm).
Inzwischen haben sich auch Kunststoff- oder Gummimatten als rutschfeste Schicht zwischen Untergrund und Einstreu bewährt und etabliert, die allerdings dicht sein müssen, also keine Fugen haben dürfen, damit kein Urin darunter gelangt. Diese Entwicklung hat aber wieder eine fragwürdige Abart entstehen lassen: So genannte »Weichbetten«. Das sind schwarze, elastische und profilierte circa 15 bis 20 mm dicke Gummimatten, die auf Stoß oder verzahnt ähnlich wie ein Puzzle verlegt werden. Der Begriff wird vor allem im Umfeld von Nutztieren (Kühe) verwendet. Wer ihn auch für Pferde in die Welt gesetzt hat, weiß niemand. Anscheinend durch die positive Assoziation, welche nämlich »weich« mit »Bett« = behaglich verknüpft.
Inzwischen greift dieses System immer mehr um sich – auch in vielen Offenstall-Anlagen –, weil es Zeit und Kosten einspart und weniger Mist anfällt. Liege- und Ruhebereiche einzig mit Stallmatten ohne Einstreu auszulegen, ist unter tierschutzrelevanten Gründen allerdings strikt abzulehnen und in Österreich, wie oben bereits erwähnt, sogar verboten.

Blanke Matten ohne Einstreu sind nicht pferdegerecht.

2007 erschien in einer renommierten Pferdefachzeitschrift für Freizeitreiter ein Beitrag über »Weichbetten«. Danach sei die »einstreulose« Haltung nicht nur vertretbar und eigne sich besonders für den Offenstall, sondern hätte auch unschlagbare Vorteile: Ohne Einstreu verlocke der Ruhebereich nicht zum Urinieren, weil Pferde ihren Urin ungern auf glatte Böden absetzten. Es würde weniger Kot in diesem Bereich anfallen, weil die Pferde nur zum Schlafen in den einstreulosen Raum kämen. Außerdem fiele keine Einstreu an und der Mist sowie die Arbeitszeit reduzierten sich. Hierbei stellt sich die Frage, ob es dem Verfasser dieses Beitrages wirklich um das Wohl der Pferde geht oder nur um Geld- und Zeitersparnis. Begleitend zu diesem Beitrag erschien auch ein Interview mit einem Hersteller solcher »Weichbetten«, der sie ebenfalls – wenn auch etwas dezenter – favorisiert. Das ist nachvollziehbar, denn die Produzenten solcher Produkte sind natürlich in erster Linie an deren Verkauf interessiert (bis zu 70 Euro pro Quadratmeter). Jedoch wurden die »Weichbetten« hauptsächlich für Kühe konzipiert und auch umfangreich getestet beziehungsweise geprüft (Verletzungen, Auf- und Abliegeverhalten, Akzeptanz, Abnutzung, Schadensanfälligkeit, Reinigung usw.). Dort waren die Ergebnisse durchweg positiv – wenn man denn diese Haltungsart allgemein überhaupt positiv bezeichnen kann.

Eines dieser Matten-Produkte wurde von der Deutschen Landwirtschafts-Gesellschaft e.V. (DLG, Testzentrum Technik & Betriebsmittel) aus Groß-Umstadt für die Pferdehaltung auf vier Reiterhöfen in Bayern getestet und ebenfalls positiv bewertet, genauso wie von den Stallbetreibern der getesteten Höfe (bis auf die »wirksame Grundreinigung und Desinfektion der Mattenunterseite. Diese sei aufwendig«). »Ein zufriedenstellendes bis sehr gutes Gesamturteil wurde dem Belag von allen Befragten gegeben und drei der vier Betriebe würden ihn im Bedarfsfall wieder anschaffen«, so die DLG.

Dieser Belag wurde jedoch nicht als »Weichbett« bezeichnet, sondern als »elastischer Bodenbelag im Boxenbereich, im Laufstall und für Führanlagen«. Dabei wurde von den Fachtestern folgende Empfehlung ausgesprochen: »Zur Erleichterung der Reinigung und Bindung von Feuchtigkeit ist (im Boxenbereich, d.V.) eine geeignete Einstreu (zum Beispiel Sägemehl, Hobelspäne, Strohmehl) zu empfehlen.«

Grundsätzlich stellen solche elastischen und rutschfesten Bodenmatten in Lauf- und Liegebereichen eine sehr gute Innovation in Pferdeställen dar. Auf der anderen Seite sollten sie in Ruhezonen niemals ohne Einstreu verwendet werden.

Matsch

Grundsätzlich gilt, dass ein Matschauslauf immer noch besser ist als gar kein Auslauf. Auch sind nach heftigen Regenschauern vermatschte Auslaufflächen akzeptabel, wenn ausreichend befestigte Ausweichflächen zum Beispiel mittels Bodengitterplatten oder Kunststoffpflaster vorhanden sind.

Durch dauerhaften Matsch oder tiefen Boden können nämlich hygienische Probleme in Form von Strahlfäule oder Mauke entstehen, wenn sich der Boden mit Dung vermischt. Das Laufen in tiefen Paddockböden beansprucht obendrein vermehrt Sehnen und Bänder der Pferde. Deshalb kommt man auf Dauer nicht umhin, Matschflächen trockenzulegen. Dies geschieht im Allgemeinen dadurch, dass der Matsch abgetragen und

Zumindest sollte ein Teil der Paddockfläche befestigt werden.

anschließend eine neue Tretschicht aufgebracht wird. Aber auch auf aufwendig angelegten Auslaufböden (Trag-, Trenn- und Tretschichten mit entsprechenden Gefälleneigungen des Untergrunds) kann sich infolge mangelnder Pflege mit der Zeit Matsch oder stehendes Wasser bilden. Entfernt man also nicht regelmäßig Pferdeäpfel, Laub und Grünbewuchs, kann das Wasser-Staub-Bio-Mist-Gemisch beispielsweise in die Drainage des Untergrundes eindringen und diese mit der Zeit zusetzen und verstopfen. Deshalb ist zur Erhaltung und Matschvermeidung der Laufflächen die regelmäßige Wartung unentbehrlich.

Darüber hinaus sollte ein idealer Auslaufboden neben einer gewissen Trittfestigkeit noch folgende Funktionen erfüllen: Er muss flexibel sein, darf jedoch kein zu tiefes Einsinken erlauben, zugleich staubfrei und wasserabführend. Außerdem sollte er die Hufe nicht durch scharfkantige Teilchen wie zum Beispiel beim Quarzsand zu stark abreiben oder das Fell oder die Haut beim Wälzen beispielsweise durch Recyclingmaterialien wie Schredderabfall aus Kunststoffresten verletzen. Gerade diese Bodenbeläge wirken obendrein befremdlich, stinken im Hochsommer infolge Sonneneinstrahlung, stören das Landschaftsbild beziehungsweise das Umfeld einer Pferdesportanlage erheblich und sind in der Entsorgung teuer (Sondermüll).

Welche Tretschichten?

Aber welche Bodenbeläge eignen sich für Pferdeausläufe, sind bezahlbar und erfüllen die oben genannten Forderungen weitestgehend? Natürlich steht auch die Industrie wieder auf dem Plan und möchte ihre meist recht teuren Produkte »an den Mann brin-

Vermatschte Auslaufböden sind auf Dauer für Pferde unzumutbar!

gen«. Ihrem Einfallsreichtum sind scheinbar keine Grenzen gesetzt, wenn es darum geht, ihre Systeme zum Teil mit den absurdesten Argumenten oder »wissenschaftlichen« Erkenntnissen feilzubieten. Der starke Konkurrenzdruck, der in diesem Metier herrscht, schreckt auch nicht vor zweifelhaften Warnungen oder unterschwelliger Angstmacherei zurück, um erschwingliche, aber bewährte Bodenbeläge zu diskreditieren.

Hier einige Beispiele: »Naturböden oder ein Lehmunterbau sind eine mangelhafte Alternative«, »Fehler im Unterbau erweisen sich in der Regel als sehr unangenehm und sehr teuer«, »reine Sandböden besitzen keine ausreichende Scherfestigkeit und Elastizität« oder »bei Holzschnitzelböden geht viel Energie, Kraft und Substanz verloren«. Mit allgemeinem Bangemachen, wie »diffizil, schwierig und tückisch das Anlegen eines Paddockbodens ist« verunsichern die Hersteller und Vertreiber kostspieliger Industriebeläge zusätzlich. Alles Quatsch? Fest steht, dass das Anlegen eines Paddockbodens weder diffizil oder schwierig noch tückisch ist.

Holzhackschnitzel

In Bezug auf Holzhackschnitzel als Tretschicht bestehen unterschiedliche Meinungen. Von Nachteil ist tatsächlich die etwas schwierigere und aufwendigere Säuberung von Pferdedung, das notwendige Auffüllen je nach Holzart alle zwei bis vier Jahre infolge der Verrottung sowie das Risiko von eventuell beigemischten giftigen Holzbestandteilen. Letzterem kann jedoch durch die Verwendung einwandfreien Holzes und der Garantieerklärung des Anbieters entgegengewirkt werden.

Die Vorteile sind dagegen, dass Holzhackschnitzel nicht nur bei Frost elastisch und huffreundlich sind, sondern ganzjährig. Wählt man die richtige Schichtstärke, die je

Holzhackschnitzel sind eine schnelle und preiswerte Lösung.

nach Größe der Holzteile bei etwa 20 Zentimetern liegt, besteht eine außerordentlich gute Scherfestigkeit und Elastizität. Überdies sind Holzhackschnitzel besonders auf stark frequentierten Flächen wie Treibgängen, Schleusen oder schmalen Durchgängen geeignet. Hierzu werden die Schnitzel im »Vortriebverfahren« 30 bis 40 Zentimeter stark direkt auf den Matsch aufgetragen. Eine solche Schicht ist auch bei Belastung von bis zu 20 Pferden mehrmals täglich stabil, weil sich der Druck durch die Hufe nicht senkrecht in den vermatschten Untergrund, sondern waagerecht im Gefüge der Holzschnitzel verteilt. Dabei müssen die Holzstücke allerdings von unterschiedlicher Größe sein. Kleine und große Holzstücke verzahnen dann miteinander und machen so diesen Bodenbelag stabil und elastisch.

Holzhackschnitzel können allerdings für Barhuf laufende Pferde, die sehr empfindliche Hufsohlen haben, dann zum Problem werden, wenn sie in zu geringer Schichtstärke aufgebracht werden, zum Beispiel nur zehn Zentimeter. Denn dann können die zum Teil sehr harten Holzteilchen – besonders wenn sie frisch aufgebracht sind – in ungünstigen Konstellationen auf die Hufsohle drücken und zu Quetschungen führen.

Sand

Sand ist die ideale Tretschicht eines Auslaufs. Aber auch hier können Fehler gemacht werden. Nicht geeignet sind beispielsweise wie bereits erwähnt scharfe Quarzsande wegen der starken Hufabnutzung bei Barhuf laufenden Pferden sowie ungewaschene, sehr feine Sande aufgrund der Staubentwicklung bei Trockenheit und des schnellen Auswaschens in den Boden.

Gewaschener Sand (zum Beispiel Maurersand) ist ein pferdefreundlicher Paddockbelag. Dieser eignet sich nicht nur zum Laufen und Wälzen, sondern Pferde schlafen auch gerne darauf.

Wichtig vor dem Aufbringen einer etwa 15 bis 20 Zentimeter starken Tretschicht aus Sand ist das – falls vorhanden – Abtragen der alten Matschschicht und das Verdichten des Untergrundes mit einer Rüttelplatte, bei großen Flächen mit einer Vibrationswalze. Diese kann man sich inzwischen überall preiswert ausleihen und das Ganze in wenigen Stunden durchführen. Ist kein Gefälle des Untergrundes in Richtung angrenzende Seitenflächen vorhanden, kann es bei Starkregen nach einiger Zeit zur Durchmischung von Untergrund und Sand kommen. Dann sollte man ein künstliches Gefälle durch entsprechende Bodenbewegungen vor dem Sandauftrag schaffen.

Eine Matschbildung kann auch sicher und relativ preiswert mittels Geotextilen, Vliesen oder dünnen Kunststoffbahnen erfolgen, die man zwischen Untergrund und Sand auslegt.

Beide Tretschichtarten – Holzhackschnitzel und Sand – lassen sich schnell umsetzen und verteilen, sind im Verhältnis zu den teuren Alternativen aus der Industrie erschwinglich und halten bei fachgerechter Aufbringung und guter Pflege genauso lange.

Wenn die »psychologische Sperre« zum Alptraum wird: Der Elektrozaun als Stressfaktor

Der Elektrozaun stellt für Pferde eine »psychologische Barriere« dar, weil er bei Berührung einen für den Pferdekörper in der Regel ungefährlichen, jedoch äußerst unangenehmen Stromschlag mit hoher Spannung, aber niedriger Stromstärke auslöst. Im Allgemeinen kommen Pferde sehr gut mit Elektrozäunen als Einfriedung zurecht, allerdings nur auf größeren Flächen mit entsprechendem Platzangebot. Kritisch wird es, wenn Pferde auf völlig abgegrasten Weiden stehen und die durch den E-Zaun abgetrennte, sich anschließende Fläche aus höher stehendem, saftigem Gras besteht. Während der eine Teil der Pferde die psychologische Sperre dieser Zaunart ausnahmslos akzeptiert und in einem solchen Fall auch nicht versucht, an das benachbarte Gras zu gelangen, probiert der andere Teil mittels verschiedener Techniken und akrobatisch anmutenden Verrenkungen, an das Gras hinter dem Zaun zu gelangen.

Meist tut er dies unter dem niedrigsten Zaunband in schräger Kopf- beziehungswei-

Einige Pferde sind im Umgang mit Elektrozäunen sehr geschickt.

se Halshaltung, ohne diesen zu berühren. Einige Pferde haben sich sogar zu wahren »Elektrozaunspezialisten« entwickelt: Sie »testen« den Zaun durch leichte Berührung ihrer Tasthaarspitzen, ob sich überhaupt Strom auf dem E-Band befindet. Scheinbar werden kleinste Stromimpulse über die Tasthaare wahrgenommen, aus denen sie Rückschlüsse auf die »Gefährlichkeit« des Strom-Zaunes ziehen. Steht der Zaun dann wirklich einmal ohne Stromführung da, was gar nicht so selten vorkommt, stecken sie ihre Köpfe auch zwischen den Elektrobändern auf die angrenzenden Ränder oder sie drücken den ganzen Zaun einfach mit ihrer Brust durch, um das höher stehende Nachbargras zu erreichen. Der nächste Schritt ist dann schließlich, den stromlosen Zaun ganz zu überwinden oder zwischen ihm durchzuklettern. Nebenbei bemerkt kann diese Aktion für das Pferd auch gefährlich werden, denn Elektrobänder oder -seile besitzen eine enorme Zugkraft und können – wenn sich die Extremitäten darin unglücklich verfangen – erhebliche Verletzungen verursachen. Ein stromloser Elektrozaun kann unter bestimmten Umständen eine beträchtliche Gefährdung für das Pferd darstellen, insbesondere dann, wenn die Weidetiere hierdurch auf nahegelegene Straßen gelangen ...

Im Umkehrfall kann aber auch ein stromführender Elektrozaun zu einem ständigen Stressfaktor werden. Und zwar dann, wenn er zur Einfriedung sehr kleiner Flächen aufgestellt oder gar in Innenbereichen von Pferdeställen als Trennvorrichtung oder zum Schutz gegen Verbiss von Holzbauteilen verwendet wird. Ein so genannter Dauerstress entsteht für ein Pferd dann, wenn es fortwährend oder immer wiederkehrend denselben oder verschiedenen Stressfaktoren ausgesetzt ist. Um es klar zu sagen: Ein stromführender Elektrozaun als Einfriedung eines Kleinauslaufs mit einer Größe von zum Beispiel vier auf sechs Metern vor einer Paddockbox muss als tierschutzwidrig angesehen werden. Das

Fließt kein Strom auf dem Zaun, kann das schlimme Folgen haben.

Elektrozäune in Kleinausläufen erzeugen permanenten Stress.

Pferd ist ständig darauf bedacht, innerhalb dieser engen Abstände nicht mit dem Zaun in Berührung zu kommen. Es wird sich auf einem solchen Kleinauslauf also nie richtig entspannen und wohlfühlen können, weil es sich immer mit der Gefahr eines Stromschlages konfrontiert sieht.

Verstärkt wird diese Problematik bei Pferden, die einen enormen Respekt vor Stromschlägen haben sowie bei der Verwendung von Zaungeräten mit einer hohen Impulsenergie. Diese bestimmt die Schlagkraft am Elektrozaun. Je höher die Impulsenergie (angegeben in »Joule«), desto stärker ist der Stromschlag bei einer Berührung mit dem Zaun. Meist werden bei Elektrozäunen in unmittelbarer Stallnähe Geräte eingesetzt, die am Stromnetz angeschlossen sind. Solche besitzen in der Regel hohe Impulsenergien und so mancher Stallbetreiber weiß nicht, oder denkt vermutlich gar nicht darüber nach, wie stark diese auf seinen Paddockzäunen sind. Der Verband Deutscher Elektrotechniker (VDE) hat diesbezüglich bestimmte Anforderungen formuliert. Die VDE-Vorschrift beinhaltet, dass die Spannung zwischen 2000 bis 5000 Volt, die Stromstärke 100 bis 300 Milliampere, der Impuls (Dauer des Stromschlages) 0,02 bis 0,1 Sekunden, die Pausen zwischen den Stromschlägen 0,75 bis 1,25 Sekunden und die Impulsenergie mindestens 0,5 bis maximal 5 Joule betragen dürfen. Oftmals erreichen so genannte »Powerzaungeräte« jedoch Impulsenergien bis zu 33 Joule,

Gut sichtbare und intakte Elektrozäune stellen eine akzeptable Pferdeeinfriedung dar.

also über das 6-fache der VDE-Vorschrift. Während ein Stromschlag auf der Weide oder einem großen Paddock meist nur sehr kurzfristig eine Schrecksituation beim Pferd auslöst und sich keine sichtbaren psychischen Folgeschäden entwickeln, ist das bei beengten Verhältnissen in einem Kleinpaddock und der mehr oder minder ausgeprägten verinnerlichten Erwartungsangst vor dem Stromschlag möglicherweise nicht so. Während die Reaktions- und Verhaltensmuster eines Pferdes bei kurzfristigen Stressfaktoren (Schreck, Panik) sehr gut sichtbar werden können (Flucht oder Angriff), sind sie weniger deutlich oder auch gar nicht erkennbar, wenn das Pferd eine passive Haltung einnimmt, also apathisch wird. Diese Art der Stressreaktion tritt vermehrt bei dauerhaften Stressfaktoren auf, also wenn es einer andauernd währenden Stressquelle ausgesetzt ist. Und die ständige Erwartung eines Stromschlages kann durchaus ein solches »stilles« Reizereignis sein.

Diese Erwartungsangst durch stromführende Einzäunungen kleiner Flächen führt zudem zu einem Respektsabstand des Pferdes zum Zaun und nimmt ihm zusätzlich Raum weg.

Eine weitere Folge des Elektrozauns in einem Kleinpaddock ist das Nichtausleben von Sozialkontakten. Die Pferde können sich zwar sehen, hören und riechen, aber das direkte »soziale Ritual« nicht ausführen, also sich gegenseitig das Fell kraulen, sich necken, stupsen oder unmittelbar Kopf an Kopf dösen. Daraus können sich Verhaltensstörungen entwickeln, weil diese Pferde den Großteil der Zeit damit verbringen, arttypische Verhaltensmuster zu beginnen, sie aber nicht vollenden können.

Rechtsprechung zu Telereizgeräten und die Folgen für Stromzäune

Die Verwendung von so genannten »Telereizgeräten«, auch »Teletaktgeräte« genannt, ist derzeit insbesondere in der Hundehaltung ein aktuelles Thema. Hierbei beschreibt § 3, Nr. 11 des Tierschutzgesetzes: »Es ist verboten, ein Gerät zu verwenden, das durch direkte Stromeinwirkung das artgemäße Verhalten eines Tieres, insbesondere seine Bewegung, erheblich einschränkt oder es zur Bewegung zwingt und dem Tier dadurch nicht unerhebliche Schmerzen, Leiden oder Schäden zufügt, soweit dies nicht nach bundes- oder landesrechtlichen Vorschriften zulässig ist.«

Bei diesen Geräten erfolgt als Strafe für unerwünschtes Verhalten ein Stromschlag, zum Beispiel bei übermäßigem Bellen oder das ungewollte Überqueren einer Grundstücksgrenze (unsichtbare Katzen- und Hundezäune). Der Stromschlag soll das Tier konditionieren, bestimmte Verhaltensweisen zu unterlassen.

Übrigens wurde vor Jahren auch für Pferde ein »unsichtbarer Pferdezaun« – bestehend aus einem Sender im Stall und einem Halsband mit Batterie, der dem Pferd beim Überqueren der unsichtbaren Grenze einen Stromschlag gab – entwickelt. Jedoch verschwand dieses System bald wieder vom Markt, vermutlich weil sich Pferde – im Gegensatz zu Katzen und Hunden – nicht an diese »Zaunart« gewöhnen konnten oder die Pferdhalter diese fragwürdige Technik mehrheitlich ablehnten.

Allerdings lernen Pferde den Zusammenhang zwischen der Berührung eines sichtbaren Elektrozaunbandes und dem Stromschlag

Der Einsatz von »Telereizgeräten« ist auch bei anderen Haustieren umstritten.

und wissen danach, dass sie diese Grenze nicht überschreiten dürfen.
Elektrische Zäune müssen für Pferde im Sinne des § 3, Nr.11 des Tierschutzgesetzes allerdings dann als unzulässig angesehen werden, wenn die Bewegungsfreiheit des Pferdes durch eine direkte Stromeinwirkung erheblich eingeschränkt wird. Das ist in einem Kleinpaddock der Fall. Denn erhält das Pferd einen Stromschlag, läuft es Gefahr, beim Zurückweichen gleich gegenüber einen weiteren Schlag zu bekommen.
Man kann also sagen, dass der elektrische Weidezaun bei ordnungsgemäßem Gebrauch, größeren Flächen und guter Sichtbarkeit weiterhin durchaus sinnvoll eingesetzt werden kann, in sehr beengten Verhältnissen oder gar in der Box jedoch den Bestimmungen des § 3, Nr.11 des Tierschutzgesetzes zuwiderläuft.

Alternativen

Eine kostengünstige Alternative zum Elektroband und auch optisch wesentlich ansprechender sind nach wie vor Einfriedungen aus Holz. Inzwischen gibt es auch längere Querlatten bis zu vier Metern, so dass man bei sehr kleinen Einzelausläufen keinen und bei größeren nur einen Mittelpfosten benötigt. Um ein Benagen der Holzlatten zu verhindern, müssen entsprechende Vorkehrungen getroffen werden. Am preiswertesten und einfachsten zu befestigen sind dünne, flexible Lochbänder aus Metall oder Kunststoff, die man im Pferdefachhandel oder gut sortierten Baumärkten erwerben kann.

Es gibt zahlreiche Möglichkeiten, Einfriedungen sicher und ansprechend zu gestalten.

Lebenslange Angst vor »Schwarzkopf«-Schafen

1989 holten wir unseren vom Haupt- und Landgestüt Marbach gezogenen, damals dreijährigen Arabischen Vollbluthengst in sein neues Zuhause. Er hatte ein ausgeglichenes Temperament, war umgänglich, neugierig und nervenstark. Da er zu dem Zeitpunkt natürlich noch nicht unter dem Sattel ging, wurde er jeden Tag an der Hand in der Stallumgebung und im Gelände spazieren geführt und lernte so sein Umfeld kennen. Eines Tages kamen wir an einer Herde mit Rhön-Schafen vorbei, die schwarze Köpfe haben. Sie grasten auf einer mit elektrischem Maschendraht eingezäunten Wiese. Neugierig wollte sich der Hengst diese Tierart näher betrachten. Also führten wir ihn an den Zaun und dachten uns nichts dabei. Auch die Schafe wurden neugierig und kamen ebenfalls an den Zaun. Schließlich wollten sich Hengst und Schafe beschnuppern. Dabei berührte er den elektrisch geladenen Zaun und bekam einen vermutlich sehr **starken Stromschlag** (Schafe benötigen wegen ihres dichten Fells eine besonders hohe Impulsenergie) und einen gehörigen **Schreck**, so dass wir ihn kaum halten konnten. Einige Zeit danach beruhigte er sich aber wieder. In der Folgezeit stellte sich bei ihm allerdings eine lebenslange und für uns kaum nachvollziehbare Angst vor Schafen mit schwarzen Köpfen ein, die so heftig war, dass er schon aus weiter Entfernung sichtliche **Stressreaktionen** zeigte und nicht in ihre Nähe zu bringen war. Scheinbar verknüpfte er die als Dreijähriger gemachte Erfahrung mit dem Geruch und/oder dem Blöken der Schafe und stufte sie als äußerst gefährlich ein. Dieses Verhalten beschränkte sich jedoch auf Rhön-Schafe. Ansonsten war der Hengst nach wie vor ausgeglichen und nervenstark und zeigte bei anderen Tieren, wie zum Beispiel Kühen oder Schweinen, keinerlei Angstzustände. Auch akzeptierte er Zeit seines Lebens den dreireihigen Elektrozaun aus braunem Breitband ohne Probleme, den er hin und wieder berührte und er einen – allerdings schwachen – Stromschlag erhielt.

Die Konditionierung auf Rhön-Schafe hatte auf andere Tiere keinen Einfluss.

Sicherheitsmängel:

Wenn Stall, Paddock und Weide zur Gefahr werden

Lässt man den Sicherheitsbeauftragten einer landwirtschaftlichen Genossenschaft in seinen Pferdestall, ist man nicht selten erstaunt, welche Gefahrenbereiche und Sicherheitsmängel er feststellt: mögliche Brandgefahrenstellen, ungenügende Sturzvorrichtungen auf Heuböden, mangelhafte oder gar fehlende Blitzschutzvorrichtungen, überalterte oder marode elektrische Leitungen, Beleuchtung, Steckdosen und Schalter, Giftquellen oder ungenügender Einbruchschutz.

Dieser Fachmann hat zwar in erster Linie die Sicherheit der Menschen im Auge, die sich tagtäglich im und um den Stall aufhalten, um die notwendigen Arbeiten zu verrichten. Bittet man ihn aber, auch sicherheitsrelevante Bereiche oder Gegenstände für die Pferde zu untersuchen, wird er ein weiteres Sammelsurium gefahrenträchtiger Aspekte offen legen. Kennt er sich zudem mit Pferden aus, wird er – wenn er sich ausreichend Zeit zum Beobachten nimmt – darüber hinaus noch spezielle pferderelevante Gefahrenquellen feststellen, an die der eine oder andere Pferdebesitzer oder Stallbetreiber überhaupt nicht gedacht hat.

Pferdetypische Verletzungsgefahren

Die meisten Pferde verunglücken im Stall und auf der Weide, weil ihre Besitzer leichtsinnig, gedankenlos oder nachlässig sind. Viele dieser Unfälle könnten verhindert werden, wenn charakteristische Gefahrenpotentiale rechtzeitig erkannt und beseitigt werden und dem pferdeeigenen Verhalten mehr Beachtung und Aufmerksamkeit gewidmet würde. Prekäre Situationen entstehen beispielsweise oft dann, wenn man ein Pferd direkt aus der Box auf die Weide führt und sich dieses auf dem Weg dorthin infolge aufgestauter Triebe oder einfach nur aus freudiger Erwartung losreißt. Läuft es dann noch an den Koppelzaun anderer Pferde oder gar über eine Straße und lässt es sich nicht mehr einfangen, ist das Desaster vorprogrammiert. Auch das oft zu sehende »auf die Weide laufen lassen« in der Gruppe ohne sicheren Treibweg birgt infolge der Losstürmerei Verletzungsrisiken oder bei rutschigem Untergrund Sturzgefahren in sich. Aber auch »traditionelle« Gefahrenstellen wie hervorstehende spitze Gegenstände oder herumliegender Unrat im Stall, auf der Weide und im Paddock können Schnitt-, Stich- und Platzwunden verursachen. Dazu zählen beispielsweise verrostete Nägel, scharfe Kanten beschädigter Selbsttränken oder Wasser- und Futtertröge, ungesicherte Fensterscheiben sowie Scherben oder anderer Müll.

Folgenschwere Verletzungen können sich Pferde auch im Stall und Auslauf zuziehen, wenn sie an Gegenständen oder in Spalten hängen bleiben. Solche sind zu tief hängende und zu weitmaschige Heunetze, zu schmale Durchgänge im Offenstall, zu niedrige Stalldecken, eingewachsene und vor allem dornige Äste sowie falsch bemessene Abstände von Gitterstäben oder für Hufe kritische Zwischenräume von Boxentür und Boden beziehungsweise Boxenwand und Tür. Auch nasse, glatte Stallböden oder vereiste Hofflächen können besonders bei beschlagenen Pferden zum Ausgleiten führen.

Auf der Weide sind es zu weit geschnallte Halfter, nicht pferdegerechte Einfriedungen wie Stachel- oder Maschendraht (Schafsdraht), von Hunden oder Kaninchen gegrabene Löcher, ungünstig oder in Ecken platzierte Weidetore, fehlende Sicherheitsabstände zu anderen Pferdkoppeln oder von Fußgängern und Hunden stark frequentierte Straßen und Wege.

Diese Aufzählung ließe sich beliebig fortsetzen und bei hundert durch entsprechende Gegenmaßnahmen ausgeschlossenen Unfallquellen ist es dann meist die hundertundeinste, an die man nicht gedacht hat. Denn wer sich mit Pferden auskennt, weiß auch um ihren ausgeprägten Einfallsreichtum, wenn es darum geht, genau das zu machen, was gerade am ungünstigsten ist und Gefahren heraufbeschwört.

Dennoch: Auch wenn sich das Verletzungsrisiko nicht auf null reduzieren lässt, sollte man doch um eine möglichst umfassende Eingrenzung bemüht sein.

Vorsicht: Ausbruchgefahr!

Die Möglichkeit des Ausbrechens besteht für Pferde sowohl im Stall, auf dem Auslauf als auch auf der Weide. Schuld daran sind in der Regel defekte, zu niedrige oder desolate Einfriedungen, Elektrozäune ohne ausreichende Stromführung, beschädigte oder fehlerhafte Stall- und Weidetorschlösser oder von den Pferden erreichbare und leicht zu öffnende Riegel und Verschlüsse. Gerade wenn sich die Weide oder der Auslauf in Straßennähe befindet, kann ein Ausbruch fatale Unfälle mit schwerwiegenden Auswirkungen nicht nur für die Pferde zur Folge haben.

Die Vorsorge durch eine möglichst ausbruchsichere und ausreichend hohe Einfriedung, regelmäßige Zaunkontrollen und gegebenenfalls Reparaturen sowie intakte und für die Pferde unzugängliche Verschlüsse, Schlösser und Riegel an Toren und Türen ist deshalb besonders wichtig.

An Augenverletzungen sind nicht selten Baumzweige schuld.

Herumliegender Müll kann besonders für Fohlen gefährlich werden.

Auch ungeeignete Einfriedungen bergen hohe Sicherheitsrisiken.

Bei defekten Torschlössern wird man bei seiner Versicherung in der Regel leer ausgehen.

Leichtsinniger Umgang mit Giften kann sich übelst rächen.

Gegen unkontrollierbare Zufütterungen auf der Weide helfen beispielsweise Doppelzäune, Abstandhalter oder aufklärende Warnschilder, die sowohl die Fütterung untersagen als auch das Betreten der Weide, was besonders für Kinder gefährlich werden kann.

Vorsicht Vergiftungsgefahr!

Folgenschwere Vergiftungen drohen durch nicht sicher verwahrte Medikamente, Düngemittel oder Gifte im Stall. Auch Giftpflanzen wie zum Beispiel im Spätsommer herabgefallene Bucheckern weidenaher Rotbuchen können Pferden zum Verhängnis werden. Bereits ein Kilogramm Bucheckern sind die tödliche Dosis für ein Pferd.
Weiterhin können nicht eingehaltene Wartezeiten nach Düngung oder Herbizideinsatz auf Weiden zu Vergiftungen führen. Zudem entwickelt Stickstoffdünger bei unsachgemäßer Lagerung und Erwärmung durch Sonneneinstrahlung hochgiftige und nitrose Gase. Grundsätzlich müssen alle für Pferde toxischen Mittel getrennt vom Futterlager und verschlossen aufbewahrt werden.
Ferner sollten durch regelmäßige Kontrollgänge insbesondere auf Weiden in sumpfigen Gebieten, an Park- oder Waldrändern nach giftigen Kräutern, Gehölzen oder Baumfrüchten gesucht und diese gegebenenfalls entfernt oder der Bereich abgesperrt werden. Die Wartezeiten nach dem Düngen oder dem Einsatz von Pflanzenschutzmitteln auf der Weide müssen unbedingt beachtet werden. Auch kommt es immer wieder vor, dass Landwirte auf ihre an Pferdeweiden grenzenden Äcker Herbizide und Pestizide spritzen, ohne das vorher dem Stallbetreiber oder Pferdehalter anzukündigen. Dabei geraten diese hochgiftigen Spritzmittel auch auf die Randbereiche der Weiden und setzen sich an den Pflanzen fest, die dann von den Pferden gefressen werden. Ob und wie

groß der Einfluss dieser Giftstoffe allerdings auf den Pferdekörper ist, wurde bisher noch nicht untersucht.

Die Verwendung teerölimprägnierter Hölzer wie Eisenbahnschwellen, Strom- und Telefonmasten oder Riegelhölzer ist zwar inzwischen verboten, aber in Innen- und Außenbereichen von Pferdeställen immer noch

Die Verwendung von Teerölen ist seit 2002 auch in Außenbereichen verboten.

! Die Herbstzeitlose: 2007 eine Plage auf vielen Pferdeweiden

Fünfzig Gramm dieser hochgiftigen Pflanze reichen aus, um ein Pferd zu töten. Ihre Giftstoffe sind auch getrocknet im Heu noch jahrelang wirksam. Ohne Blüten werden sie übrigens oft mit dem essbaren Bärlauch verwechselt. Die Herbstzeitlose wächst vor allem auf feuchten, nährstoffreichen Wiesen und Böschungen, bevorzugt an sonnigen oder halbschattigen Standorten, an denen es relativ warm ist und die nicht ungeschützt dem Wind ausgesetzt sind.

Herbstzeitlose werden von Pferden nicht automatisch gemieden.

weit verbreitet. Ihre Giftstoffe können vom Regen ausgewaschen werden, sich im Boden ansammeln oder durch Verdunstung in der Umgebungsluft anreichern. Bei hohen Temperaturen infolge Sonneneinstrahlung neigen teerölimprägnierte Hölzer zum »Ausschwitzen«.

Viele Bestandteile dieser Aussonderungen sind krebserregend. Bei direktem Hautkontakt wirken sie stark reizend und können beim Menschen Akne oder Furunkulose auslösen. Die orale Aufnahme führt zu Magen-Darm-Störungen. Teerölimprägnierte Hölzer dürfen aufgrund ihrer Gesundheitsschädlichkeit in Deutschland seit dem 1. Oktober 2002 nicht mehr im Pferdestallbau zur Verwen-

dung kommen. Einzig Bahnschwellen, die vor diesem Zeitpunkt rechtmäßig verbaut wurden, können belassen werden, wenn sie so eingebaut wurden, dass von ihnen keine Gefahr für Mensch und Umwelt ausgeht.
Auch einige Holzschutzmittel und Bauhilfsstoffe sind zum Teil giftig oder gar ätzend. Es kann durch solche Substanzen sowohl beim Menschen als auch bei Pferden zu erheblichen Irritationen der Nasen- und Lungenschleimhäute mit entzündlichen Erscheinungen kommen. Abgeleckte bleihaltige Schutzanstriche wie zum Beispiel Menninge können beim Pferd zu Fressunlust, stumpfem Fell oder Unwohlsein führen. Schwermetalle lagern sich bevorzugt in Fettdepots – von wo sie dann nach und nach in die inneren Organe gelangen – und im Gehirn an. Dieser Abbau dauert viele Monate. Daher sollte man beim Kauf von Farben auf die Inhaltsstoffe achten und nur Holzschutzmittel verwenden, die das so genannte »RAL-Gütesiegel« besitzen.

Alptraum Stallbrand

Ein Stallbrand ist der Alptraum eines jeden Pferdebesitzers. Dennoch machen sich die wenigsten Gedanken über wirksame Brandschutzmaßnahmen. Jeder glaubt, dass solch eine Katastrophe in seinem Stall nicht geschehen könnte. Eine gefährliche Fehleinschätzung, die sich mit aller Gewalt rächt, wenn der Stall lichterloh in Flammen steht. Doch dann ist es meist zu spät. Gerade Stallbereiche sind durch Materialien wie Stroh und Heu leicht entflammbar und darum besonders brandgefährdet. Einige Vorsichtsmaßnahmen sollten deshalb in Stallungen selbstverständlich sein:

Besonders in der geschlossenen Stallhaltung haben Brände dramatische Folgen.

Absolutes Rauchverbot

Rauchen ist nicht selten Auslöser für einen Stallbrand. Immer wieder sieht man unvernünftige Reiter, die auf der Stallgasse rauchen und glauben, dort könne nichts passieren. Dem ist aber nicht so. Denn schon ein kleiner Windstoß kann die Zigarettenglut ins Stroh wehen und entzünden. Dasselbe gilt für noch glühende Zigarettenstummel. Darum sollte man unbedingt auf dem gesamten Hofgelände ein absolutes Rauchverbot verhängen und darauf achten, dass dieses auch eingehalten wird.
Auch auf das Rauchen in Reiterstübchen oder Reitercasinos sollte man verzichten – zumindest aber keine heiße Asche in Abfallbehälter füllen oder die Aschenbecher vorsorglich mit Wasser füllen.

Keine offenen Feuer

Das Verbrennen von Unrat in Stallnähe oder der sommerliche Grillabend mit kleinem Lagerfeuer hinterm Stall kann ebenso fatale Folgen haben, wenn der Wind die Funken in Richtung Stall trägt. Darum sollten offene Feuer auf dem Hofgelände tabu sein.

Keine Schmiedearbeiten auf der Stallgasse

Funkenflug kommt häufig auch bei Schweiß- und Schmiedearbeiten vor, die in der Nähe von Stroh- und Raufutterlager getätigt werden. Schweißarbeiten sollten deshalb nur vom Fachmann unter besonderen Schutzmaßnahmen erfolgen. Der Hufschmied benötigt einen separaten Arbeitsplatz ohne brandgefährdetes Umfeld. Schmiedearbeiten auf der Stallgasse sind höchst riskant, weil sich von dort aus schnell ein Funke in die stroh- oder spänegefüllten Boxen verirren kann. Auch Sägearbeiten sind nicht ungefährlich. Denn trifft man beim Sägen auf einen Metallgegenstand zum Beispiel einen Nagel, entstehen Funken, die in die Sägespäne fallen und dort oft unbemerkt einen Schwelbrand entfachen können.

Kurzschluss verhindern

Durch veraltete oder defekte Elektroleitungen kann es leicht zu einem Brand auslösenden Kurzschluss kommen. Elektrische Leitungen sollten deshalb sicher und fachgerecht verlegt sein und mindestens einmal im Jahr kontrolliert werden. Auch Elektrogeräte jeder Art dürfen nur in einem völlig intakten Zustand verwendet werden und die Nutzung wenn möglich unter Aufsicht erfolgen. Vor dem Verlassen des Stallgebäudes müssen alle elektrischen Geräte ausgeschaltet werden (am besten auch die Stecker ziehen).

Blitzschlaggefahr minimieren

Wenn der Blitz im Dachstuhl eines Pferdestalls einschlägt, hat das meist verheerende Folgen – insbesondere dann, wenn Heu und Stroh auf dem Dachboden lagern. Hat man keine andere Möglichkeit, Einstreu und Raufutter deckenlastig zu lagern zum Beispiel aufgrund weit entfernter Lagerräume, sollte zumindest ein moderner und vom Fachmann installierter Blitzableiter vorhanden sein, der in der Regel vor einem Blitzschlag schützt.

Selbstentzündung bannen

Eine häufige Brandursache in Stallungen ist die Selbstentzündung von frisch eingefahrenem Heu in gepresster Form. Denn in den ersten sechs bis acht Wochen nach der Ernte muss das junge Heu noch »nachschwitzen«, um den maximalen Restfeuchtegehalt von 15

Antiquierte Schalter und Steckdosen sind nicht selten der Grund für einen Kurzschluss.

Prozent zu erreichen. Dabei erwärmt es sich von selbst. Geschieht diese Eigenerwärmung ungebremst, kann es zur Selbstentzündung kommen. Um das zu verhindern, muss der Lagerraum ausreichend belüftet sein und die Kerntemperatur des Heustocks mittels speziellem Heuthermometer regelmäßig und besonders in den heißen Sommermonaten nach der Ernteeinfuhr kontrolliert werden.

Brandstiftung erschweren

Gegen Brandstifter ist kein Stallbetreiber wirklich gefeit. Besonders gefährdet sind unbewohnte Stallanlagen im Außenbereich. **Dennoch kann man einiges tun, um solche Straftäter abzuschrecken**:

- das Hofgelände einfrieden und nachts einen Wachhund frei laufen lassen
- Hundewarnschilder aufstellen/aufhängen
- Bewegungsmelder, Videokameras oder Alarmanlagen installieren

Frisch geerntetes Heu neigt zur Selbstentzündung.

- Fremde Personen, die sich in Stallnähe aufhalten, ansprechen und verdächtige Fahrzeugkennzeichen notieren

Diese Maßnahmen helfen nicht nur gegen Brandstiftung, sondern auch gegen Sattelklau und Pferdediebstahl

Aktive Brandschutzmaßnahmen

Neben der Vereitelung vermeidbarer Brände können weitere Maßnahmen ergriffen werden, um sich gegen den Ernstfall zu wappnen:

Rauch- und Kohlenmonoxidmelder anbringen Rauchmelder !!!

Rauchmelder werden an der Stalldecke direkt über den Boxen montiert. Einfache Rauchmelder werden im Stallbereich jedoch rasch unbrauchbar, wenn sie mit Staub und Spinnweben zugesetzt sind. Da diese Rauchmelder jedoch sehr preiswert sind, kann man sie regelmäßig austauschen oder reinigen.

Schmutz unempfindliche Rauchmelder arbeiten mit Infrarotstrahlen. Da sich dieses System aber nur auf geraden Linien installieren lässt, benötigt man bei einem verwinkelten Stall mehrere solcher Anlagen, was sehr kostspielig wird.

Gasmelder für Kohlenmonoxid lösen Alarm aus, wenn hochgiftiges CO-Gas austritt. Dieses geruch- und farblose Gas entsteht bei Schwelbränden und kann innerhalb kurzer Zeit tödlich wirken. Trifft dieses tückische Gas auf Sauerstoff zum Beispiel einen Türspalt, kann sich ein Brand explosionsartig entwickeln. Da dieses Gas hauptsächlich am

Boden schwelt, werden Kohlenmonoxidmelder in Bodennähe montiert.
Allen diesen Geräten ist gemein, dass sie ausschließlich akustische Warnsignale auslösen und nur im Stall oder in unmittelbarer Stallnähe gehört werden können, also nur Sinn machen, wenn die Stallanlage bewohnt ist.
Einen umfassenden Schutz hinsichtlich der schnellen Information bei einem Brandausbruch bieten nur sehr teure Alarmzentralen, die mit Funkalarm, Außensirenen, Blitzlichtern und Telefonwählgeräten ausgestattet sind. Aber auch hier besteht das Problem vor allem darin, dass sich in einem Pferdestall mit Strohmatratzen innerhalb von fünf Minuten ein Vollbrand entwickeln kann, die Feuerwehr meist aber erst nach circa 15 Minuten am Stall eintrifft.

Rauch- und Gasmelder machen nur Sinn, wenn man deren Warntöne vernehmen kann.

Sprinkleranlagen und Feuerlöscher installieren

Will man absolut sicher gehen, kann nur eine sehr teure Sprinkleranlage im Pferdestall zum Zuge kommen. Der Erfolg von Sprinkleranlagen liegt statistisch bei mehr als 98 Prozent. Auch eignen sich hier nur Sprühwasser-Löschanlagen, keine Schaum- oder Pulverlöschanlagen. Feuerlöscher sollten an schnell erreichbaren Orten an der Wand angebracht werden und mit entsprechenden gut sichtbaren Hinweisschildern ausgestattet sein.

Pferdehaltertreffen einberufen

Diese Versammlung dient der Entwicklung eines Flucht- beziehungsweise Evakuierungsplans im Brandfall. Hierbei sollten mindestens zwei Fluchtwege ausgewiesen werden, die allen Pferdehaltern bekannt sein müssen. Außerhalb des Stalls sollte ein fest arrondierter Sammelplatz angelegt beziehungsweise festgelegt werden, in dem die Pferde sicher verbracht werden können.

Regelmäßige Brandschutzübungen durchführen

Damit jeder Pferdebesitzer weiß, was er im Ernstfall zu tun hat, sollten regelmäßig Brandschutzübungen durchgeführt und bei der Gelegenheit auch der Gebrauch eines Feuerlöschers geübt werden.
Zusätzlich empfiehlt es sich, mit der örtlichen Feuerwehr Übungen durchzuführen, da sie in der Regel den Umgang mit Pferden nicht beherrscht und bei dieser Gelegenheit das Aufhalftern und Führen unter fachkundiger Anleitung erlernen kann. Zusätzlich sollte sich die Feuerwehr einen Überblick über die Zufahrtswege, die Gebäude und die Wasserzufuhr verschaffen, um im Brandfall schnell und richtig zu handeln.

Richtiges Verhalten im Brandfall

Bei einem Stallbrand zählt jede Sekunde. Dennoch sollte man nicht panisch reagieren und kopflos handeln, sondern möglichst nach Plan vorgehen. Einige Grundregeln gibt es dabei zu beachten:

- Keine Zeit mit der Rettung von Sätteln und anderen Gegenständen verschwenden.
- Vorsichtiges Abtasten von Türklinken, da diese heiß sein können; gegebenenfalls nasse Tücher oder Ähnliches zum Öffnen verwenden.
- Bei eindringendem Rauch durch einen Türspalt den alternativen Fluchtweg nehmen. Denn starke Rauchentwicklung behindert nicht nur die Sicht, sondern kann auch innerhalb kürzester Zeit zur Bewusstlosigkeit führen. Die meisten Brandopfer sterben an Rauchvergiftung, nicht an den Folgen der Flammen. Auch Pferde sinken sehr schnell in sich zusammen und sind dann nicht mehr zu bewegen. Also: Nicht sein Leben riskieren und besser das Eintreffen der Feuerwehr abwarten, die mit Gasschutzmasken agieren kann.
- Verbringen aller Pferde zum Sammelplatz. Pferde, die nicht freiwillig mitkommen, notfalls eine Decke oder Jacke über den Kopf legen. Die geretteten Pferde nicht frei herumlaufen lassen, da sie sonst wieder in den Stall zurücklaufen könnten. Deshalb die Tiere an einem fest eingezäunten Ort bringen, notfalls festhalten oder sicher anbinden. Vergewissern, dass alle Menschen und Pferde anwesend sind.
- Rettungswagen und Tierarzt alarmieren.
- Den Stall nicht mehr betreten, bis die Feuerwehr die Erlaubnis dazu erteilt.

! Was zahlt die Versicherung im Brandfall?

Ein Stallbrand ist eine schlimme Tragödie – vor allem dann, wenn Pferde den Flammen zum Opfer gefallen sind. Früher oder später stellt sich bei aller Trauer aber die Frage, wer die Pferde und das Zubehör ersetzt. Denn bei einer **Gebäudeversicherung** des Stalls sind die Pferde im Regelfall nicht mitversichert. Prinzipiell kann man eine solche Versicherung aber so abschließen, dass auch die Tiere versichert sind.

Hierbei gibt es zwei Möglichkeiten: Entweder kann ein Pauschalbetrag vereinbart werden, so dass jeder Pferdehalter die gleiche Summe für sein Tier erhält oder jedes Pferd wird individuell mit seinem aktuellen monetären Wert angegeben, was die Versicherung natürlich teurer macht. Eine andere Alternative ist die **Tierlebensversicherung**, die bei Tod, Nottötung oder dauerhafter Unbrauchbarkeit des Pferdes in Kraft tritt. Allerdings sind solche Versicherungen nicht nur kostspielig, sondern auch mit **Vorsicht** zu genießen. So sinkt beispielsweise der Wert des versicherten Pferdes mit zunehmendem Alter. Auch verliert der Pferdebesitzer den Anspruch auf die Versicherungssumme, wenn er sein Pferd im Notfall eigenmächtig und ohne Absprache mit dem Versicherungsgeber einschläfern lässt. In der Regel wird eine Notschlachtung von den Versicherungsgesellschaften verlangt, um den Schlachterlös einzustreichen.

Geopathische Zonen:
Machen Strahlen unsere Pferde krank?

Wenn ein Pferd ohne erkennbare Ursachen häufig überempfindlich reagiert, unverhältnismäßig nervös oder gar chronisch krank ist und der Tierarzt keinen Rat mehr weiß, befindet sich der Stall vielleicht im Bereich von so genannten geopathischen beziehungsweise krankmachenden Störzonen? Dies jedenfalls behaupten so genannte »Erdstrahlspezialisten«. Solche Verhaltensauffälligkeiten oder Erkrankungen würden durch Wasseradern oder Erdverwerfungen erzeugt, die sich unter dem Stall befänden. Aber auch nahegelegene Hochfrequenzsender oder Hochspannungsleitungen verursachten Strahlungen, die sich nachteilig auf Mensch und Pferd auswirken. Was hat es damit aber wirklich auf sich und müssen wir uns in solchen Fällen um die Gesundheit unserer Pferde sorgen?

Aberglaube und Wissenschaft

Grundsätzlich muss zwischen zwei Phänomenen in diesem Zusammenhang unterschieden werden:

- Wasseradern, Erdspalten, Erdverwerfungen, Globalgitternetze, Hartmann-Gitter und Curry-Netze soll es geben und werden als »krankmachende Zonen« beschrieben. Allerdings sind sie wissenschaftlich bisher noch nie nachgewiesen oder aufgezeichnet worden.
- Elektromagnetische Felder entlang von Hochspannungsleitungen sowie hochfrequente elektromagnetische Wellen von Rundfunk und Fernsehsendern, Mobilfunk-, Richtfunk- und militärischen sowie privaten Sendern gibt es tatsächlich und können durch technische Geräte gemessen werden. Ein eindeutiger wissenschaftlicher Beweis für einen pathogenen Einfluss auf Mensch oder Pferd steht dabei aber noch weitgehend aus.

Bevor auf die einzelnen vermeintlichen »Störzonen« eingegangen wird, muss zunächst einmal bemerkt werden, dass es einen gewaltigen Markt gibt, der sich mit diesen Erscheinungen beschäftigt. Dabei fließen beachtliche Geldsummen. Aber warum? Die Erklärung scheint nicht einfach, jedoch spielt vermutlich die Unsicherheit der Menschen eine große Rolle. Dabei wird nicht selten mit der Angst von (scheinbar) Betroffenen gearbeitet. Wenn sie sich zum Beispiel die Häufung bestimmter Erkrankungen in einem Pferdestall nicht erklären können, suchen sie die Ursache in solchen vermeintlich schädigenden Strahlenquellen oder im Mystischen. Dann werden so genannte Experten kontaktiert, die mit allerlei Gerätschaften oder Vorkehrungen wie diversen Kugeln, fliederfarbenen Halbkugeln, GEOTAC-Platten, Borsilicium-Stäben und anderen diversen Gegenständen solche »Strahlungen« neutralisieren wollen. In den einfachen und preiswerten Fällen kommt der Wünschelrutengänger oder der Auspendler. Es gibt aber auch Luxusvarianten mit »Rundumschutz«, die bis zu 2000 Euro ohne Installationen kosten können. Und einige dieser »Fachleute« bieten sogar Fernentstörungen nach Foto an, Kosten pro Box um die 45 Euro.

Diverse Gegenstände wie Bambusflöten, Kugeln oder Spiegel sollen angeblich negative Einflüsse abwehren.

Der durch Hochspannungsleitungen entstehende Elektrosmog wird von kritischen Experten für viel zu hoch angesehen.

Geologische »Störungen« (Wasseradern, Erdstrahlen)

Die Mitglieder dieser »besonders Strahlenfühligen« werden auch als »Radiästheten« bezeichnet und berichten von unterirdischen Wasserläufen, die sie Wasseradern nennen. Durch Reibung des Wassers in Spalten und Kanälen entstünden elektromagnetische Schwingungen, die am Rand dieser Wasserläufe besonders verstärkt aufträten. Die Strahlung über Wasseradern seien ionisierende Strahlungen, die senkrecht zur Erdoberfläche in die Atmosphäre aufsteigen.

!
Wünschelrute: Definition nach Brockhaus, 1895

»Ein zauberhafter heilbringender Stab, der von alters her bekannt ist«, beginnt die Beschreibung im Brockhaus Konversationslexikon von 1895. Und weiter heißt es: »Im späteren Mittelalter wurde die Wünschelrute zum Gegenstande eines bis in die heutige Zeit fortdauernden **Aberglaubens**. Bei dem Gebrauch kam es darauf an, sie unter Hersagung der nötigen Formeln richtig in der Hand zu halten. Dann zeigte sie durch ihre Bewegung an, ob und wo die gesuchten Gegenstände verborgen seien. Man glaubte mittels der Wünschelrute verborgene Schätze, Erzadern, Wasserquellen, ja selbst Verbrecher zu entdecken. Es entstand eine Art **Wahrsagung** aus den Bewegungen der Wünschelrute unter dem Einfluss der menschlichen Hand«.

Also stellte man schon 1895 fest, dass Wünschelrutengehen Aberglaube, Wahrsagung und subjektiver Beeinflussung durch den Wünschelrutengänger sind.

Diese würden zu den Erdstrahlen gezählt. Im Bereich einer Wasserader fiele das Erdmagnetfeld stark zusammen. Je stärker die Wasserader, desto schwächer sei das Erdmagnetfeld. Andere Radiästheten messen Wasseradern mit einem »3D-Geo-Magnometer«, ein angeblich hochsensibles elektronisches Messgerät, dem keine Störquelle im Erdreich entginge. Auch Wünschelrutengänger sollen solche Störquellen gefunden haben, wissenschaftlich bewiesen wurde dies jedoch nie! Die Kraft des Wassers fühlen, sei die besondere Gabe, über die Rutengänger angeblich verfügen. Sie behaupten, dass unterirdische Flüsse und Bäche wie Adern das Erdinnere durchziehen.

Vielleicht können also nur solche strahlenfühlige Radiästheten die Störzonen aufspüren? Um das festzustellen, wurden immer wieder wissenschaftliche Tests mit Rutengängern durchgeführt. Das Ergebnis: Keiner konnte bisher signifikante und reproduzierbare Erfolge vorweisen. Und wenn mehrere Rutengänger auf dieselbe Wiese geführt werden, findet jeder oft woanders eine »Störzone«. Alfons Baier, Hydrogeologe an der Universität Erlangen, leitet eine Forschungsgruppe, die zahlreiche Bohrungen im Zusammenhang

Flächiges Grundwasser tritt in Form von beispielsweise Bächen und Quellen an die Oberfläche und sind keine Wasseradern.

mit Grundwasservorkommen und Fließrichtung von unterirdischem Wasser durchgeführt hat. Wissenschaftliche Projekte wie diese gibt es in der ganzen Schweiz und in Deutschland. Deshalb haben Geologen ein genaues Bild davon, wie es unter der Erde aussieht. Laut Baier kommt dabei das Grundwasser überall flächig vor. Es bewegt sich langsam durch die Poren von Erdschichten und Klüften des Gesteins. »Grundwasser kommt ausschließlich flächig und nicht in Wasseradern vor«, meint der Geologe.
Doch woher kommt der Mythos von Wasseradern? Alfons Baier weist auf eine Höhle im Karstgebiet der Schweiz hin. Bis zur Neuzeit kannten die Menschen unterirdisch fließendes Wasser nur in Verbindung mit Höhlen. In den Höhlen dringt das Wasser aus verschiedenen Öffnungen im Gestein in Tropfen oder kleinen Rinnsalen aus. Daher hatten die Menschen die Vorstellung, dass überall Bäche durch das Erdinnere strömen. Aber auch in Höhlen verteilt sich das Wasser flächig in den Poren und Spalten des Gesteins und es tritt dort aus, wo eine Öffnung in der Höhlenwand besteht.

Hochspannungsleitungen verursachen elektromagnetische Felder, deren Wirkung auf das Pferd aber noch nicht bekannt ist.

Elektromagnetische Felder, »Elektrosmog«

Im Unterschied zu Wasseradern und anderen geologischen »Störzonen« sind elektromagnetische Felder und Wellen durchaus messbar und können biologische Wirkungen auf den menschlichen und tierischen Organismus haben, die jedoch nicht notwendigerweise gesundheitsschädlich sein müssen. Nur in unmittelbarer Nähe von Hochspannungsleitungen (16 bis 30 Meter vom Strommast-Mittelpunkt) wurde in einigen Studien ein erhöhtes Krebsrisiko registriert, deren Zusammenhang jedoch noch nicht eindeutig belegt wurde. Demnach wird in einigen Ländern der diesbezügliche Emissionsschutz neu diskutiert.
Wenn man davon ausgeht, dass die elektromagnetischen Felder von Überland-Stromleitungen für den Menschen gesundheitsschädigend sein können, könnte dies also auch auf Pferde zutreffen. Befindet sich also ein Stall

Feng Shui Berater

Verunsichernd auf den Pferdebesitzer und in meinen Augen sogar äußerst problematisch wirken sich die Auslegungen beziehungsweise Interpretationen des **Feng Shui** durch einige »Feng Shui Berater/Innen« im Umfeld der Pferdehaltung aus.

Nicht selten finden sie im Bereich der Box des betroffenen Pferdes dann auch meist eine solche **»pathogene Störzone«** mit Hilfe des **»Biotensors«**. Bei diesem Gerät handelt es sich eine Einhand-Antenne (einhändige Wünschelrute) mit der Veränderungen des Schwingungsfeldes (Aura) am Pferd erfasst werden könnten. Diese und ähnliche »Messmethoden« werden unter dem Begriff **Radionik** geführt und sind ebenfalls allesamt wissenschaftlich nicht anerkannt.

mit Koppeln direkt unterhalb von Strommasten – was gar nicht so selten ist – müssten die Pferde auf Dauer gesundheitliche Auffälligkeiten aufweisen. Eine Recherche in verschiedenen Pferde-Internetforen hat gezeigt, dass ein Teil der Betroffenen keinerlei Auffälligkeiten beobachten: Die Pferde seien »zufrieden und ausgeglichen«, haben »keinerlei Probleme, sogar jedes Jahr ein gesundes Fohlen«, »fühlen sich seit 10 Jahren unter 2.3000.000 Volt Leitungen sauwohl« usw. Andere wiederum berichten von Headshaking und Sommerekzem ihrer Pferde, die unter Strommasten standen. In einem Fall sei nach einem Stallwechsel das Headshaking nicht mehr aufgetreten, das Sommerekzem jedoch geblieben. Wissenschaftliche Untersuchungen oder gar Ergebnisse hinsichtlich einer Überland-Stromleitungs-Wirkung liegen zurzeit aber nicht vor.

Ist die Gesundheit unserer Pferde wirklich gefährdet?

Was die vermeintlich geologischen »Störzonen« rund um Wasseradern, Erdstrahlen und Erdverwerfungen angeht, so ist das in erster Linie eine Glaubensentscheidung, da diese Phänomene wissenschaftlich nicht existieren und demzufolge auch keinen negativen Einfluss auf Pferde haben können. Dennoch kann auch der feste Glaube des Pferdehalters an solche »Erscheinungen« Veränderungen auslösen und deren »Beseitigung« einen positiven Einfluss haben. Der Mediziner spricht dann von einem »Placebo-Effekt«. Bevor man jedoch einen vermeintlichen Spezialisten in seinen Stall holt, sollte man sorgfältig prüfen, ob es nicht doch erkennbare Ursachen für die Verhaltens- oder Gesundheitsstörung des Pferdes gibt. Meist ist nämlich nicht die angebliche Wasserader unter der Box für Verhaltensauffälligkeit oder Krankheiten verantwortlich, sondern die Boxenhaltung an sich, also Bewegungsmangel, Langeweile, schlechte Luft, mangelndes Licht, fehlender Sozialkontakt oder aber auch ein unliebsamer Boxennachbar, Futterneid, allergische Reaktionen auf Anstriche, Einstreumaterialien oder Staub. Es gibt viele mögliche Ursachen für Verhaltensanomalien und gesundheitliche Probleme, die auch psychisch bedingt sein können, zum Beispiel »Stresskolik« oder mangelnder Schlaf bei einem rangniederen Tier in der Gruppenhaltung.

Anders verhält es sich bei elektromagnetischen Feldern in unmittelbarer Nähe von hochfrequenten Sendeanlagen und Hochspannungsleitungen, deren negativer Einfluss zumindest beim Menschen bereits wissenschaftlich diskutiert wird und die durchaus auch die Gesundheit unserer Pferde beeinträchtigen können. Diese möglichen Beeinträchtigungen betreffen jedoch ausschließlich die oben genannten Bereiche, also Überland-Stromleitungen, Radio-, Fernseh- und Mobilfunksender und nicht etwa das Stromkabel im Stall, das Handy beim Ausreiten oder gar der Elektrozaun auf der Weide!

Von E-Zäunen gehen keine elektromagnetischen Felder aus.

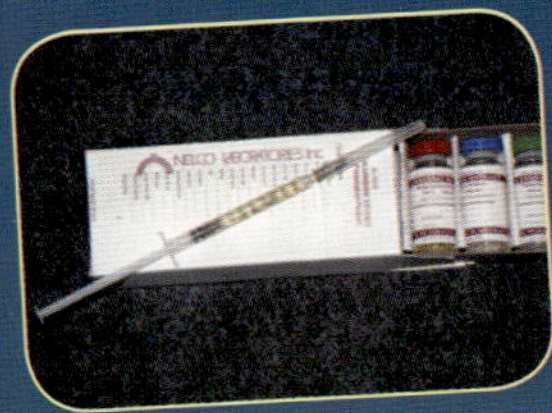

Vermeidbares Leid:

Über die Haltungsrelevanz allergischer Pferde

Allergien sind auf dem Vormarsch, auch beim Pferd. Viele allergische Pferde leiden unnötig, weil die Haltungsbedingungen nicht auf ihre spezielle Allergie angepasst sind. Warum? Weil die Allergie noch nicht erkannt wurde oder nicht erkannt werden will? Behandelt vielleicht ein Teil der Tierärzte Symptome wie Husten, Durchfall oder Kolik lieber konventionell, weil das für sie auf lange Sicht lukrativer ist, als die Durchführung eines Allergietests und das Aufmerksammachen auf haltungsrelevante Ursachen?

Headshaking beruht meist auf einer Überempfindlichkeit gegen Sonnenlicht.

Je nach Art der Allergie müssen mehr oder weniger spezielle Kriterien erfüllt werden, um dem Pferdeallergiker ein akzeptables Umfeld zu bieten, in dem er genesen oder zumindest nahezu beschwerdefrei leben kann. Bevor man aber seinen Stall entsprechend umgestaltet oder bestimmte Maßnahmen ergreift, muss zunächst einmal geklärt werden, welche Allergene die Krankheit auslösen beziehungsweise wie man die Allergie eindeutig diagnostiziert und welche Therapiemöglichkeiten es gibt.

Was ist eine Allergie?

Das Wort Allergie kommt aus der griechischen Sprache und bedeutet »Fremdreaktion«. Eine Allergie bezeichnet eine überschießende und unerwünscht heftige Abwehrreaktion des körpereigenen Immunsystems auf bestimmte, meist unschädliche Umweltstoffe, auf die der Pferdekörper mit entzündlichen Reaktionen und der Bildung von Antikörpern reagiert.

Allergie auslösende Stoffe

Allergie auslösende Stoffe sind die so genannten Allergene. Sie können pflanzlichen, tierischen oder künstlichen Ursprungs sein wie zum Beispiel Pilzsporen, Bestandteile von Pflanzen, Blütenpollen oder Zusätze von Medikamenten. Dabei resultiert die allergische Erkrankung nicht aus den Allergenen selbst, sondern aus der Reaktion des Pferdeorganismus auf die Allergene.

Durch den erhöhten Juckreiz und Scheuertrieb können sich beim Sommerekzem offene Hautstellen entwickeln.

Auf der Weide sollte man auf Pflanzen achten, deren Pollen beim Pferd eine allergische Reaktion auslösen.

Auswirkungen

Besitzt ein Pferd eine Allergie und werden dann diese normalerweise harmlosen Allergene über die Haut, die Atmung, den Magen oder die Blutbahn (Injektionen) in den Körper eingeführt, antwortet dieser mit einer Reaktion. Er bildet vermehrt so genannte Antikörper (Immunglobulin E). Diese Antikörper klammern sich an die Oberfläche von Mastzellen, eine Unterart weißer Blutkörperchen, die nach dem Kontakt mit dem Allergen zerplatzen und Hormone wie Histamin oder Serotonin ausschütten. Diese Stoffe setzen dann im Gewebe einen entzündlichen Prozess in Gang und verursachen Symptome wie Schwellung, Juckreiz, Gefäßerweiterung, Ekzeme und übermäßige Schleimproduktion. Die Folgen sind Husten, Juckreiz, Durchfall oder Kolik und können bei jeder Rasse vorkommen.

Wie erkennt man eine Allergie?

In den meisten Fällen ist das Erkennen einer Allergie und deren Auslöser nicht einfach. Denn oftmals ähneln sich die Symptome denen »normaler« Krankheitsbilder und nicht selten kommt es dann noch zusätzlich zu einer Folgeerkrankung, die durch eine (noch) nicht erkannte und nicht oder falsch behandelte Allergie entstehen kann.

Zieht man eine Allergie als mögliche Krankheit auslösende Ursache in Erwägung, sollte unverzüglich ein entsprechender Allergietest (Einzelallergen-Test) durchgeführt werden. Denn erst, wenn eine Allergie und deren Auslöser eindeutig diagnostiziert sind, können mögliche Therapieansätze folgen.

Was kann man tun?

Bei einigen Allergien, vor allem bei den Atemwegsallergien, dem Sommerekzem oder der allergisch bedingten Bindehautentzündung, zeigt die Desensibilisierung – auch Hyposensibilisierung genannt – gute Erfolge. Hierbei werden dem Pferd in steigenden Dosen und größerwerdenden Abständen bestimmte Allergene unter die Haut gespritzt. Andere Allergien können nur durch Ausschluss beziehungsweise Entfernen (Nahrungsmittel, Medikamente, Umgebungsallergene, bestimmte Baum- und Pflanzenarten) oder durch entsprechende Schutzvorkehrungen (z.B. Einstallen oder Sonnenschutz bei Sonnenallergie) verhindert werden. Aber auch während einer Desensibilisierung müssen therapiebegleitende Maßnahmen durchgeführt werden (z.B. staubfreie Einstreu oder Mückenschutz), damit eine Heilung erfolgen kann.

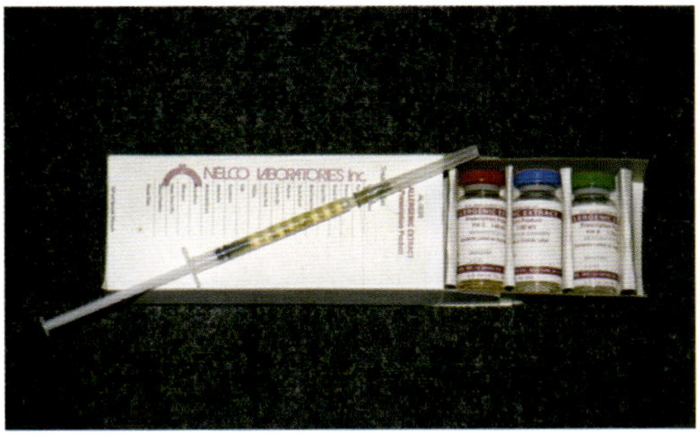

Bei einer Desensibilisierung wird ein spezielles Allergenextrakt verabreicht.

Sind solche Maßnahmen oder Vorbeugeschritte aus baulichen oder organisatorischen Gründen gar nicht oder nur zum Teil möglich, sollte man an einen Stallwechsel denken.

Welcher Stall für welchen Allergiker?

Grundsätzlich sollte – auch für alle gesunden Pferde – die offene Stallhaltung gewählt werden. Es gibt aber auch Pferde, die unter verhältnismäßig schweren allergischen Erkrankungen leiden und für die es besser ist, zumindest zeitweise und im Sommer in Innenställen – das kann auch ein Laufstall sein, nicht unbedingt nur die »Box« – gehalten zu werden, in denen es keinen Stechmücken, Blütenpollen oder Sonneneinstrahlung ausgesetzt ist. Hierzu zählen das Sommerekzem, die Sonnenallergie und das Headshaking. Bei Pferden, die unter einer Atemwegsallergie leiden, ist die offene Stallhaltung besser geeignet, da hier in der Regel eine saubere, staubärmere Luft besteht und sich das Pferd zu jeder Zeit im Außenbereich aufhalten kann.

Atemwegsallergie und allergische Konjunktivitis

Bei Atemwegsallergikern und Pferden mit allergisch bedingter Bindehautentzündung (Konjunktivitis), die auf Pilzsporen, Blütenpollen oder einfach nur Staub reagieren müssen gleich welcher Haltungsform folgende Aspekte beachtet werden:
In Innenräumen – gleich ob Innenbox oder Innenbereich des Offenstalls – muss die Staubentwicklung gering und eine ausreichende Luftzufuhr von außen gewährleistet sein. Die Einstreu sollte staubfrei sein und darf keine erhöhten Anteile von Schimmelpilzsporen aufweisen, was zum Beispiel durch »staubfreie« – nicht staubarme! – Hobelspäne gewährleistet werden kann. Auch Holzdecken im Innenbereich, aus denen Staub rieselt, sind ein Problem genauso wie Wurf- und Fallschächte, durch die Heu- und Strohballen vom Dachboden geworfen werden. Sogar das Fegen der Stallgasse ohne Befeuchtung kann die Umgebungsluft mit erhöhten Anteilen des Feinstaubs anreichern. Schließlich sind hoch angebrachte Heuraufen für einen Heustauballergiker eine zusätzliche Kontaminationsquelle.
Nicht einfach für Stauballergiker in der Offenstallhaltung ist das Anfeuchten des Heus vor der Fütterung. Sind Fressstände vorhanden, ist das kein Problem. Nehmen alle Pferde aber aus einer Rundraufe oder zwischen Fressgittern Heu zu sich, muss es insgesamt für alle genässt werden, was einen erheblichen Arbeitsaufwand für den Stallbetreiber

Allergische Augenentzündungen können durch Pilzsporen entstehen.

oder die Offenstallgemeinschaft bedeutet. Hier käme nur eine Umstellung auf Grassilage als Alternative in Frage.
Auch bei den Gras- und Baumpollen kann es Einschränkungen geben: Eine von 1990 bis 1999 im Rhein-Main-Gebiet durchgeführte Untersuchung von 145 Pferden (Einzelallergen-Tests) ließ Rückschlüsse auf die »Allergiepotenz« der verschiedenen Allergene zu. So war bei diesen Pferden die höchste Reaktion (High-Positiv) auf Weidelgras, Knaulgras und Wiesenlieschgras bei den Graspollen und auf Weide (Salweide), Eiche und Platane bei den Baumpollen festzustellen. Sind hohe Messergebnisse bei bestimmten Baumarten vorhanden, sollten solche Bäume im Bereich des Paddocks oder der Weide des Stalls nicht vorhanden sein oder wenn möglich entfernt werden. Bei erhöhtem Gräserpollenflug muss eine temporäre Einstallung möglich sein.

Bei Staub- und Atemwegsallergikern können folgende Gegenmaßnahmen ergriffen werden:

- Verwendung staubfreier Einstreu; regelmäßiges Wechseln der gesamten Einstreu
- Ausschütteln von Stroh in Innenbereichen nur in Abwesenheit der Pferde
- Anfeuchten der Stallgasse und anderer Stallinnenräume vor dem Fegen
- Abdichten von Ritzen und Fugen in Holz-Stalldecken unter dem Heuboden
- Befeuchten der Auslaufflächen während längerer Trockenphasen
- Entfernen von Staub und verstaubten Spinnenweben an Decken und Wänden
- Putzen des Pferdes im Außenbereich
- Nässen des Raufutters

Das konsequente Nässen von Heu ist Bedingung für das Halten eines Stauballergikers.

Sommerekzem, Sonnenallergie und Headshaking

Kann ein an Sommerekzem leidendes Pferd zu den Zeiten, in denen die das Ekzem auslösenden Stechmücken (Gnitze, nicht die Kriebelmücke!) ihre Hauptflugzeit haben, nicht eingestallt werden, weil es sonst allein wäre, sollte das tägliche Eindecken mit einer Ekzemerdecke oder das Einreiben gefährdeter Bereiche (Mähnenkamm, Schweifrübe, Euter, Schlauch) durchführbar sein.

Pferde, die unter einer Sonnenallergie (Dermatitis solaris) leiden, müssen in den heißen Sommermonaten mit Sonnenschutzmitteln regelmäßig an den nicht pigmentierten Körperstellen eingerieben werden.

Photosensibilisierende Pflanzen wie Bärenklau, Johanniskraut oder Luzerne müssen von der Weide entfernt werden. Headshaker brauchen reflektierende Kopfmasken und Nüsternschutz beim Weidegang. In leichten Fällen reicht ein dunkler Weideunterstand, in schweren Fällen ist nur nächtlicher Weidegang möglich. Auch das Reiten im Freien ist häufig erst nach Sonnenuntergang eingeschränkt durchführbar.

Folgende Kriterien sollten erfüllt sein:

- Einsprühen und/oder Einreiben, Schutzmaske tragen
- Verletzungsfreie Scheuermöglichkeit auf Weide/Paddock anbieten
- Weideunterstand sollte vorhanden sein
- Temporäres Einstallen ist machbar
- Reithalle oder Flutlichtanlage des Außenreitplatzes ist benutzbar

Eine Sonnenallergie entsteht häufig durch photosensibilisierende Pflanzen.

Durch reflektierende Kopfnetze bewahrt man Headshaker vor UV-Licht.

Ganzkörperdecken helfen Ekzemerpferden beim Weidegang.

Nahrungsmittel- und Medikamentenallergie

Bei Pferden mit einer Nahrungsmittelallergie müssen beim Füttern alle Futtermittel weggelassen werden, die zu der allergischen Reaktion führen.

Hat man durch den Allergietest oder durch Ausschlussverfahren zum Beispiel eine Allergie auf Melasse festgestellt, was sehr häufig vorkommt, sollten die Futtermittel überprüft werden. Denn in vielen Müsli und Pellets ist Melasse als Füllstoff und Geschmacksverbesserer mehr oder weniger enthalten.

Bei allergischen Reaktionen auf bestimmte Arzneimittel muss sicher gestellt sein, dass der zuständige Tierarzt und das Stallpersonal beziehungsweise alle Mitglieder einer Stallgemeinschaft darüber genau informiert sind und sich an die Einschränkungen halten.

Die folgenden Aspekte müssen berücksichtigt werden:

- Vergabe von Spezialfutter
- Alternativ-Streu bei Futterallergie auf Stroh
- Hinweis-Schild für Fütterungsverbot am Stall/an der Box
- Info-Schild der nicht zu vergebenden Medikamente am Stall/an der Box

Mischfutter enthält meist Melasse, auf das viele Pferde allergisch reagieren.

Kontaktallergien

Bei Allergien auf Umgebungsallergene sollten vor allem die Baumaterialien und Anstriche von Stall und Einzäunung genau untersucht werden. Etwaige allergieauslösende Stoffe sollten entweder nicht vorhanden sein oder sich entfernen lassen. Reinigungs-, Desinfektions- und Pflegemittel, die entsprechende Allergene enthalten, dürfen nicht angewendet werden.

Folgende Punkte müssen bedacht werden:

- Möglichst naturbelassene Baumaterialien
- Chemische Farben und Lacke sowie Holzimprägnierungen meiden
- Nur natürliche Mittel zur Pflege, Reinigung und Desinfektion von Stall, Trog, Tränke, Putz- und Sattelzeug verwenden

Unbehandeltes Bauholz vermeidet Kontaktallergien.

Steppengras und Turbogräser: Sind unsere Weiden noch zu retten?

Immer größer werdende Monokulturen mit zunehmendem Anbau von Pflanzen für die Energiewirtschaft, extrem wirtschaftlich orientierte Erntepraktiken mit Großmaschinen und schonungsloser, bodennaher Ausbeutung des Ernteguts, sich verändernde Gräsergemeinschaften auf unseren Weiden und Heuwiesen durch massiv gedüngte »Turbogräser« aus staatlich überwachten Edelsaatgutfabriken, um die wachsenden Bedürfnisse der Fleischindustrie beziehungsweise der Verbraucher zu befriedigen: All diese Praktiken werden sich in Zukunft häufen und eine bedarfsgerechte Fütterung der Pferde immer schwieriger machen.

Veränderte Zusammensetzung des Grünlandes

Der Anteil energiereicher und rohfaserarmer Gräser vergrößert sich aufgrund der intensiven und expandierenden Grünlandbewirtschaftung und Milchproduktion immer weiter, während magere Gräser und vor allem wertvolle Kräuter wegen ihres geringeren

Erntetechnik früher und heute …

Nährstoffgehalts von diesen übermächtigen Kunstgräsern und der Grünlandindustrie zurückgedrängt werden. Ähnlich verhält es sich auch bei der Gräsergemeinschaft auf unseren Pferdeweiden und Heuwiesen. Neueinsaaten und Nachsaaten enthalten fast ausschließlich energiereiche und speziell gezüchtete Grassamen. Hinzu kommt häufig eine unüberlegte und einseitige Düngung mit beispielsweise Stickstoff, die ein überhöhtes Gräserwachstum mit steigenden Erträgen zur Folge hat. Das Ergebnis ist ein sehr kohlenhydratreiches Gras beziehungsweise Heu mit geringerem Rohfaseranteil.

Hochleistungsgräser schaden den Pferden

Mit den spärlichen und für Pferde geeigneten Steppengräsern früherer Zeiten haben die heutigen Kulturgräser nichts mehr gemeinsam. Vor rund hundert Jahren herrschten noch Grassorten wie Zittergras, Ruchgras, Schafschwingel und Trespen vor, die vor allem auf trockenen, mageren und ungedüngten Böden wuchsen. Sie besaßen einen hohen Rohfaser-, aber sehr geringen Zuckergehalt und entsprachen durchaus den Nahrungsansprüchen der damals schwer arbeitenden Pferde.

Pferde gehören nicht auf eine für Kühe eingesäte Weide.

Weidelgras (links), Wiesenlieschgras (mitte) und Wiesenrispe (rechts) gehören zu den energie- und zuckerreicheren Gräsern.

Gibt es Alternativen?

Neben den genannten energiereichen Grassorten gibt es auch rohfaserreichere und zuckerärmere Grasarten wie das Gemeine Rispengras, Straußgras, Knaulgras, Kamm- und Ruchgras, Wiesenhafer, Rohrglanzgras, Goldhafer, Rotschwingel oder der Flughafer.

Die meisten dieser Gräser gedeihen jedoch nicht auf allen Böden, sind zum Teil nicht verbissfest, trittempfindlich oder werden vom Weidelgras oder Klee verdrängt. Sie haben nur eine Chance auf großen, extensiv genutzten und mäßig gedüngten Grünlandflächen, die mit speziellem Saatgut eingesät werden und auf denen nur wenige Pferde stehen (1–2 Großtiereinheiten pro Hektar). Da diese energiearmen Gräser zusammen mit einigen Kräutern den Nahrungsansprüchen der Pferde am zuträglichsten sind, sollte man diese Extensivnutzung nach Möglichkeit immer vorziehen.

Wiesenfuchsschwanz (links), Knaulgras (mitte) und Goldhafer (rechts) haben weniger Energie und mehr Rohfaser.

Gehalte verschiedener Gräserarten an wasserlöslichen Kohlenhydraten (WLK) und Energie (MJ)

	Grasart	WLK *1)	Energie *2)	Bemerkungen
hoher Energie- und Zuckergehalt	**Welsches Weidelgras**	19	7	Untergras, energiereich, zuckerreich, trittfest, konkurrenzstark
	Deutsches Weidelgras	15,5	7	Untergras, ausdauernd, konkurrenzstark, energie- und zuckerreich, trittfest
	Wiesenschwingel	9	6,4	ausdauerndes Obergras, winterhart, für feuchte Standorte, schnittverträglich
	Wiesenrispe	12	6,5	Untergras, winterhart, trittfest, relativ energiereich, mähverträglich, dichte Narbe
	Wiesenlieschgras	12	6,4	winterhartes Obergras, auf feuchten Standorten, trockenheitsempfindlich, relativ energiereich
	Rot- und Weißklee	9,5	7,5	gegen den »lichthungrigen« Weißklee hilft eine mehrjährige Nutzung als Mähweide zur Heuwerbung oder die Nachbeweidung mit Schafen, die den Klee mitsamt der Wurzel verbeißen
niedriger Energie- und Zuckergehalt	**Trespe**	7	5,5	auf extensiver Dauerwiese; pro Jahr einmal gemäht und nicht gedüngt; auf mäßig kalkhaltigen bis leicht sauren Böden
	Quecke	6	5,8	Obergras, stickstoffliebend, wird nur in jungem Stadium gefressen, sehr konkurrenzstark, stark verdrängend; unerwünscht auf Pferdeweiden
	Gemeines Rispengras	5	5,5	Untergras, frühe Entwicklung, bei Trockenheit rasches Versagen. Geringe Trittfestigkeit da oberirdische Ausläufer, wird ungern gefressen
	Wiesenfuchsschwanz	8	6	vielschnittverträgliches Mähgras (4–5 Nutzungen), begrenzt weidefest; winterhart, wird auf frischen bis feuchten Lagen bestandesbildend; verholzt rasch
	Straußgras	7	5,5	feinblättriges, helles Gras; Rotes Straußgras ist schnittfest und einigermaßen belastbar
	Knaulgras	9,5	6	massenwüchsiges Obergras, winterhart, widerstandsfähig gegen Trockenheit; verträgt intensive Nutzung und Düngung
	Kamm- und Ruchgras	6	5,5	zwischen 15 und 30 Zentimetern hohes Gras; wächst an hellen und trockenen Standorten
	Rohrglanzgras	5	5	ausdauerndes Gras, das feuchte Standorte bevorzugt, jedoch nicht an diese gebunden ist; Heu feinhalmig und weich, wird gern gefressen
	Glatthafer, Wiesenhafer	5	5,6	ausdauerndes sehr hochwachsendes Obergras für warme, mäßig trockene Standorte, geeignet für 3–4-malige Schnittnutzung, nicht weidefest
	Rotschwingel	5	6	Untergras mit unterirdischen Ausläufern, geringe Nährstoffansprüche, Narbenbildner auf Extensivstandorten, winterhart

*1) *Wasserlösliche Kohlenhydrate in Prozent Trockenmasse (Zucker); gemittelte Werte, da Schwankungen bestehen*

*2) *NEL = Nettoenergie-Laktation; die Werte orientieren sich an den Milchleistungen von Kühen; sie sind nur richtungsweisend, da von verschiedenen Untersuchungen recherchiert (Mittelwert) und durch Bodenbeschaffenheit, Klima und Düngung abhängig.*

Heute werden in erster Linie nur noch Gräser an- und nachgesät, die schnell wachsen, trittfest und widerstandsfähig gegen Verbiss, düngefreudig und Standort unabhängig sind. Diese Gräsergemeinschaft, zu denen insbesondere das Deutsche und Welsche Weidelgras, Wiesenlieschgras, Wiesenrispe und Wiesenschwingel gehören, wurde und wird jedoch vorwiegend für die Futterherstellung von Hochleistungsrindern angepflanzt und kultiviert, die der Milch- oder Fleischproduktion dienen. Wiederkäuer besitzen jedoch ein gänzlich anderes Verdauungs- und Futterverwertungssystem als Pferde.

Pferde machen diese rohfaserarmen Kulturgräser jedoch nicht satt, sondern krank und führen zu Durchfällen und Koliken. Der zudem hohe Zuckergehalt (= wasserlösliche Kohlenhydrate), der die Gräser vor Dürre und Frost bewahrt und als Energiereserve bei Schnitt oder Verbiss dient, kann von Pferden nur schwer verdaut werden und zur Verfettung oder gar Hufrehe führen.In der Tabelle (S. 116) werden einige der häufigsten Gräser mit hohem und niedrigem Zucker- und Energiegehalt vorgestellt.

Neben den für Pferde abträglichen hohen Energiegehalten gibt es aber noch weitere »Krankmacher« in den gezüchteten Kulturgräsern: Fruktane und Pilze.

Fruktan: Das »süße Gift«

Ertragsorientierte Zuchtgräser sollen in erster Linie schnell und unbeschadet wachsen. Hierzu bilden sie vermehrt diverse »Schutzstoffe«, die sie unter anderem vor Frost, Dürre, Verbiss und Insektenfraß bewahren sollen, den Weidepferden aber immens schaden können. Ein solcher »Schutzstoff« ist das Fruktan, ein langkettiges Zuckermolekül, das vom Pferd im Gegensatz zu Einfachzuckern (Glukose, Fruktose, Saccharose) im Dünndarm nicht ausreichend aufgeschlossen werden kann. Dadurch gelangt es in

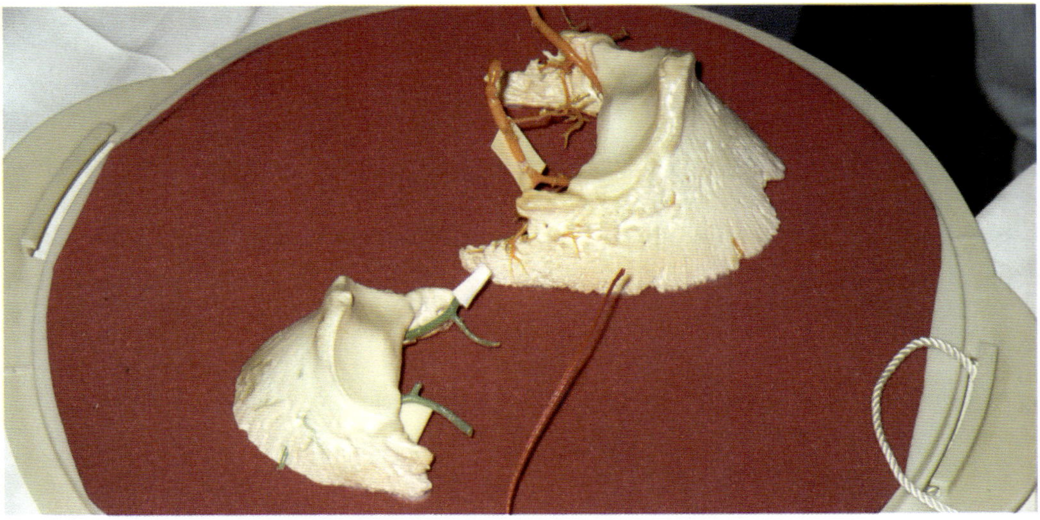

Das Absterben großer Mengen »guter« Mikroben hat eine verheerende Wirkung in den engen Kapillaren der Hufe.

Araber werden wohl noch viele Generationen benötigen, um fruktanhaltige Gräser zu vertragen.

den Dickdarm, wo es durch Übersäuerung des Darminhalts ein massenhaftes Absterben nützlicher Mikroben verursacht. Dies bewirkt wiederum die Freisetzung giftiger Stoffe (Endotoxine), die über die Darmwand in den Blutkreislauf geraten und in den fein verzweigten Kapillaren der Huflederhaut zunächst eine Mangeldurchblutung mit nachfolgender Entzündung auslösen.

Besonders hohe Fruktanwerte entstehen immer dann, wenn die Gräser viel Licht erhalten (Photosynthese), die so gewonnene Energie jedoch nicht ins Wachstum stecken können, zum Beispiel bei Kälte unter 6° Celsius (Frühjahr und Herbst) oder bei Trockenheit, durch Nährstoffmangel im Weideboden oder infolge permanentem kurzen Abgrasens. Fruktan dient dem Gras auch als Reservekohlenhydrat, das es für magere Zeiten bunkert. Der australische Hufreheforscher Prof. Chris Pollitt von der Universität Queensland wies im Experiment nach, dass gesunde Pferde ab einer Fruktanmenge von 7,5 Gramm pro Kilogramm Körpergewicht binnen zwei Tage Hufrehe bekommen. Als kritisch gilt die Aufnahme von fünf Gramm Fruktan pro Tag und Kilogramm Lebendgewicht (Quelle: Dr. Renate Vanselow). Um diesen Grenzwert zu erreichen, müsste ein gesundes Pferd aber das Drei- bis Vierfache der durchschnittlichen täglichen Grasmenge (bei hohen Fruktangehalten im Mai oder September) aufnehmen. Allerdings ist zu vermuten, dass bei Hufrehe gefährdeten Pferden oder solchen mit chronischer Rehe eine weitaus geringere Menge an Fruktan ausreicht, um den Stoffwechsel negativ zu beeinflussen. Denn die Forschung gibt Hinweise, dass je öfter der Organismus Kontakt mit riskanten Stoffen hat, dieser umso empfindlicher reagiert und eher einen »Großalarm« auslöst. Deshalb sind Pferde, die bereits einmal Hufrehe hatten auch besonders anfällig, erneut daran zu erkranken.

Pilze: zweckmäßige Symbiose oder Gefahr für Pferde?

In Australien und Neuseeland schon lange bekannt und erforscht ist eine Symbiose, die bestimmte Grasarten mit Pilzen eingehen. In Deutschland laufen erste Studien an der Uni Hannover über diese Zweckgemeinschaften, die davon gegenseitig profitieren. Wiederum sind es vor allem Weidelgrasarten und der Wiesenschwingel die sich symbiotisch mit einem im Gras lebenden Pilz verhalten, dem so genannten endophytischen Symbiont. Früher hat man die Besiedlung als Infektion betrachtet, heute wird sie als für die Graspflanze sinnvolle Partnerschaft eingestuft, allerdings mit teilweise verheerenden Wirkungen für Gras fressende Tiere.

Die positiven Effekte für die Gräser sind zwar Folgende: verstärktes Wachstum und vermehrte Triebentwicklung, erhöhte Toleranz gegenüber Stressfaktoren, insbesondere Trockenheit und höhere Resistenz gegenüber pflanzenfressenden Insekten. Problematisch im Hinblick auf das Pferd ist jedoch die bei dieser Symbiose entstehende Produktion und Einlagerung bestimmter Substanzen, so genannter Alkaloide. Alkaloide sind organische, stickstoffhaltige Verbindungen und haben auf den tierischen Organismus starke physiologische Wirkung. Es werden vier Gruppen von diesen sekundären Pflanzenstoffen aufgeführt, die diese Wirkung verursachen: Ergot-Alkaloide (zum Beispiel Ergovalin = Mutterkornalkaloid); tremorige

Besonders das Weidelgras und der Wiesenschwingel gehen eine intensive Symbiose mit den für Pferde schädlichen Endophyten ein.

Neurotoxine (Lolitrem B und Paxillin); Pyrrolopyrazin Peramin sowie gesättigte Aminopyrrolizidine (Loline).

Auf Weidepferde wirken alle Alkaloidklassen außer Peramin mehr oder weniger toxisch. Die Vergiftung mit Lolitrem B ist beispielsweise verantwortlich für die so genannte Weidelgras-Taumelkrankheit bei Schafen und Rindern, bisher aber nur in den USA und Neuseeland. Dr. Reinholz von der Uni Paderborn hat allerdings herausgefunden, dass noch ein Viertel des europäischen Saatgutes von Natur aus mit diesen symbiotischen Pilzen »infiziert« ist. Sehr hohe Lolitrem B-Gehalte in einigen untersuchten Proben legen nahe, dass die Weidelgras-Taumelkrankheit auch in Deutschland auftreten könnte. Symptome sind Muskelzittern und Koordinationsprobleme. In Neuseeland, dem Mutterland der Forschung symbiotischer Gras-Pilz-Zweckgemeinschaften wird vermutet, dass erhöhtes Scheuen von Reitpferden ohne erkennbaren Grund auf Lolitrem B zurückzuführen sein könnte.

Vergiftungserscheinungen durch Ergot-Alkaloide können unter anderem Teilnahms- und Appetitlosigkeit, stumpfes Fell, Schwitzen, Probleme beim Urinabsetzen sowie Hormon- und Stoffwechselstörungen (auch Hufrehe) sein.

Solche Überbeweidung sollte man tunlichst vermeiden.

Die Biologin und Weideexpertin Dr. Renate Vanselow, die sich umfassend mit dieser Problematik beschäftigt, empfiehlt folgende Vorsichtsmaßnahmen:

- Einschränkung beziehungsweise Verzicht auf riskante Hochleistungsgräser (Weidelgras, Wiesenschwingel) bei der An- und Nachsaat
- Überweidung und »Stress«-Situationen der Gräsergemeinschaft vermeiden durch:
  - Ausreichend große Weideflächen mit genügend Futterangebot und Selektionsmöglichkeiten
  - Zufütterung von Heu während der Weidesaison (vor dem Weidegang) besonders im Frühjahr und Herbst
  - Weidezeitbegrenzung
  - Sorgfältige Heuauswahl (kein Heu von Wiesen mit hohem Weidelgras- und Wiesenschwingel-Anteil)

Vor dem Kauf sollte man das Heu auf seine Anteile und Qualität überprüfen.

Da könnte man als Pferdebesitzer auf die Idee kommen, Saatgut wie zu Opas Zeiten auf seiner Pferdeweide auszubringen, das also nicht kultiviert beziehungsweise auf hohe Energiewerte gezüchtet wurde. Aber genau das ist verboten und würde als Ordnungswidrigkeit geahndet. Es wird zwar Wildsaatgut aus besonders dafür angelegten Flächen gewonnen (so genanntes »regionales Saatgut«), darf aber nur unter strengen Auflagen ausgebracht werden. Dieses wilde Saatgut wäre ideal für Pferde, das Problem ist jedoch, dass es nicht auf landwirtschaftlichen Flächen ausgebracht werden darf, wozu auch Pferdeweiden oder Heuwiesen gehören.

Denn das deutsche Saatgutverkehrgesetz beziehungsweise die Europäische Union diktieren, welche Grassorten angebaut werden dürfen. Und Wildsaatgut gehört eben nicht dazu. Nur anerkannte und zertifizierte Sorten sind erlaubt, also ausschließlich züchterisch veränderte Produkte. Wildsaatgut und viele alte, traditionelle Sorten erhalten daher keine Zertifizierung, weil sie nicht als Futterpflanzen gelten, keine Ernährungsgrundlage für Nutztiere darstellen und somit nicht die Ernährung der Bevölkerung sicherstellten.

! Verbot von Opas Magergräsern

Solche kräuterreiche Pferdeweiden findet man heute nur noch selten.

Weit und breit geht die Artenvielfalt auf unseren Wiesen und Weiden oder in der freien Naturlandschaft zurück. Insbesondere anspruchsvollere Tierarten wie zum Beispiel Pferde, aber auch viele Wildtiere leiden darunter, dass ein vielfältiges und ausgewogenes Nahrungsangebot, bestehend aus Wildkräutern und ursprünglichen Wildgräsern, fehlt.

Magerweiden sind für Pferde ideal.

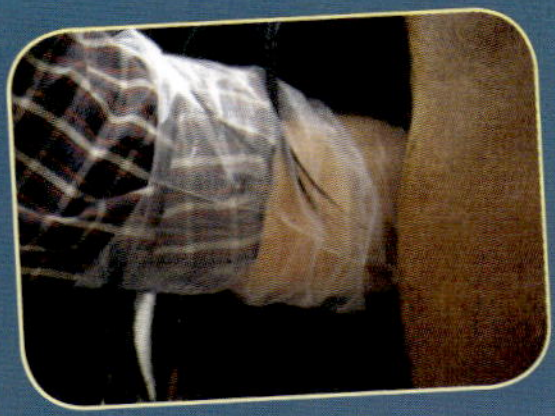

Von Fertigfutter und »Hafer-Angst«: Füttern wir unsere Pferde krank?

Pferde, die täglich leichte (ein bis zwei Stunden aktives Reiten) und mittlere Arbeit (zwei bis vier Stunden) verrichten oder sogar auf höheren Leistungsniveaus trainiert werden wie beispielsweise Distanzpferde, benötigen auch mehr Energie. Und da dies nicht allein aus Heu, Stroh oder durch Frischgras zu bewerkstelligen ist, muss entsprechend zugefüttert werden. Dabei bedient man sich in erster Linie der energiereichen Stärke aus Getreideprodukten.

Ist Getreidestärke pferdegerecht?

Ein Problem ist allerdings, dass das heutige Krippenfutter kaum mehr Struktur aufweist, sondern entweder zermahlen oder danach wieder pelletiert verfüttert wird. Ein anderes, dass es meist in nur wenige, dafür aber große Portionen aufgeteilt wird. Prof. Annette Zeyner von der Uni Leipzig hat sich mit dieser Problematik umfassend auseinander gesetzt und schreibt in der Veröffentlichung »Energielieferant Getreidestärke – in Maßen oder in Massen hilfreich?«: »All diese Veränderungen in Futterzusammensetzung, Futterstruktur und Futteraufnahmeverhalten gegenüber den entwicklungsgeschichtlich entstandenen Bedürfnissen des Pferdes bergen Risiken für die Gesunderhaltung des Verdauungstraktes. Es ist durchaus gerechtfertigt davon zu sprechen, dass das Pferd heutzutage mit der Fütterung *konfrontiert* wird.«

Pferde, die vermehrt Leistung erbringen müssen, brauchen energiereiches Futter.

Dabei spielt der Energielieferant Stärke die entscheidende Rolle. Getreidestärke wird im Dünndarm des Pferdes mit Hilfe des körpereigenen Enzyms »Amylase« aufgespaltet und in Glukose umgewandelt. Dieser Einfachzucker gelangt dann über die Schleimhäute des Dünndarms in den Blutkreislauf und versorgt die Muskelzellen mit Energie oder speichert ihn als Energiereserve in der Leber (Glykogen). Allerdings sind Pferden im Gegensatz zu Fleischfressern bei der Verstoffwechslung von Stärke Grenzen gesetzt, die nicht überschritten werden dürfen. Denn bei hohen Gaben von Stärke kann der Magen-Dünndarm-Abschnitt diese nicht vollständig umsetzen und fließt in den Dickdarm ein. Dort – und besonders im Blinddarm und Grimmdarm – beteiligen sich Mikroorganismen an der restlichen Verdauung des Futterbreis. Zwar wird die im Dünndarm unverdaut gebliebene Stärke im hinteren Verdauungstrakt mikrobiell aufgeschlossen, allerdings sind diese Mikroorganismen nicht auf ein stärkereiches Futter eingestellt. Denn ihre Hauptfunktion ist, rohfaserhaltige Kohlenhydrate, zum Beispiel aus Heu, langsam und stetig aufzuspalten. Und dabei bilden sich auch die Umwandlungsprodukte – in erster Linie Fettsäuren – langsam und kontinuierlich. Bei der Fermentierung des vom Dünndarm übrig gebliebenen stärkereichen Futterbreis hingegen kommt es zu einer sprunghaften Bildung von flüchtigen Fettsäuren und der Blinddarminhalt wird durch die sich einstellende Säurebildung saurer als normal. Dabei sinkt der pH-Wert von etwa 7 auf 6 ab und es entwickelt sich ein fataler Kreislauf: Der pH-Wert nimmt ab, Milchsäure bildende Bakterien werden erzeugt, der Milchsäuregehalt steigt und der pH-Wert sinkt weiter. Dieser Kreislauf wird erst dann unterbrochen, wenn es entweder keine Nährstoffe mehr gibt, die aufzuschließen sind, oder wenn der pH-Wert auf 4 und darunter sinkt, dass es selbst den Milchsäurebakterien zu sauer wird. Bei diesem pH-Wert kann es zu einer massiven Schädigung der Dickdarmschleimhaut kommen, was unter anderem zu Durchfall führt. Viele Forscher machen diese Milchsäureanreicherung und ihren Übertritt in die Blutbahn übrigens auch für die Entstehung von Lahmheiten verantwortlich.

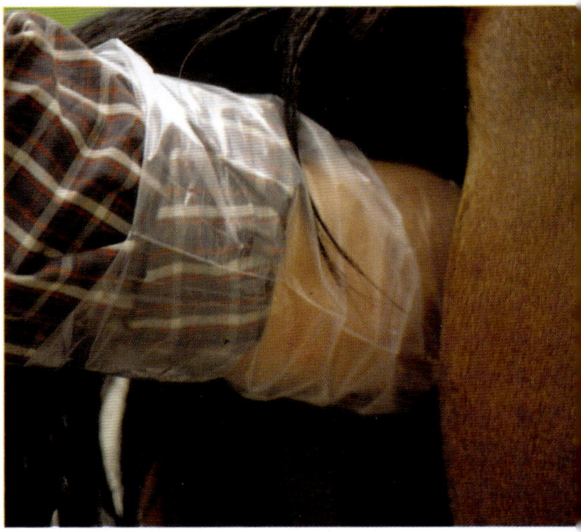

Ein saures Darmmilieu kann zu Durchfall und Kolik führen.

Dies ist aber bei weitem noch nicht alles, so Prof. Annette Zeyner: »Durch die Säuerung des Darminhalts sterben in großen Mengen Bakterien ab. Nun enthalten die Wände bestimmter (gramnegativer) Mikroorganismen eine Struktur, die durch das Absterben in großem Umfang freigesetzt wird. Diese

Wandstrukturen heißen Lipopolysaccharide (LPS) und können durch die geschädigte Dickdarmschleimhaut in die Blutbahn des Pferdes übertreten. Sind diese LPS in hohen Konzentrationen in der Blutbahn vorhanden, werden sie vom Organismus des Pferdes gewissermaßen als Gift erkannt. Aus diesem Grund werden die LPS auch als Endotoxine bezeichnet.«

Von Professor Kamphues wurde nachgewiesen, dass im Dickdarminhalt kraftfutterreich ernährter Pferde erheblich höhere Endotoxin-Konzentrationen zu finden sind als bei heugefütterten Tieren. Diese Endotoxine können dramatische Reaktionen auslösen wie Hufrehe oder einen tödlichen Endotoxinschock.

In diesem Zusammenhang ist interessant, dass im Griechenland der Antike das altgriechische Wort »Krithe« Gerste bedeutet (medizinisch bezeichnet Krithe das Gerstenkorn am Auge) und »Krithiasis« Hufrehe.

Pferde verdauen Gerstenstärke nur ungenügend.

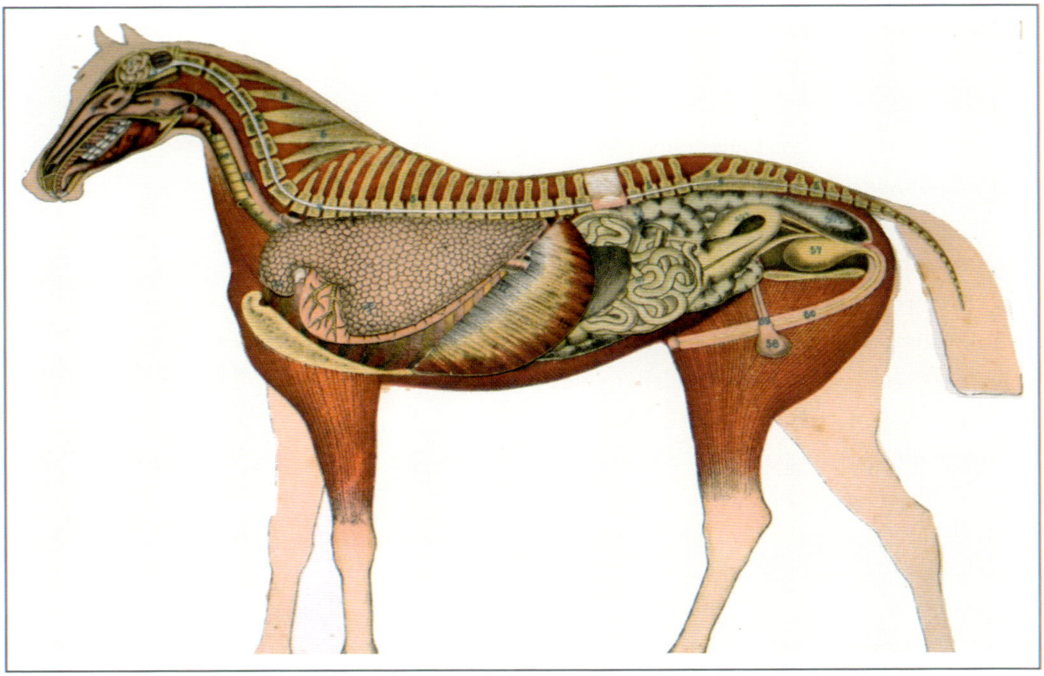

Das Verdauungssystem des Pferdes ist mit kraftfutterreichen Mahlzeiten überfordert.

Aufgeschlossene Getreideprodukte wie beispielsweise Maisflocken werden vom Pferd besser vertragen, sind aber teuer.

Haferstärke wird vom Pferd am effizientesten umgewandelt.

Darüber hinaus gilt es inzwischen als gesichert, dass große Mengen energiereichen Futters auch zu einer Übersäuerung des Magens führen und somit auf lange Sicht das Entstehen von Magengeschwüren begünstigen. Das ist insbesondere dann der Fall, wenn Stress hinzukommt.

Die Verdaulichkeit der Getreidestärke im Magen-Dünndarmbereich kann allerdings durch eine hydrothermische Behandlung des Getreidekorns verbessert werden, zum Beispiel durch die Verfütterung von Getreideflocken oder heißwasserbehandelten Getreideschroten. Inzwischen haben dies auch die Verantwortlichen der Pferdfuttermittelindustrie erkannt und bieten stärkearmes Mischfutter an. Allerdings hat das seinen Preis. So kosten solche energiearmen Futtermittel etwa das Dreifache wie Gerste oder Mais.

Zurück zum Hafer!

Dass es bei der Zuführung pferdeverträglicher Energie aber auch anders geht und zwar einfach, preiswert und effizient, zeigen aktuelle wissenschaftliche Studien, nämlich durch Hafer. Scheinbar mussten diese Untersu-

Viele Neben- und Abfallprodukte aus der Zuckergewinnung wie Melasse in Pellets oder Zuckerrübenschnitzel landen leichtfertig im Pferdebauch.

Hafer

Warum wurde der Hafer in den letzten Jahrzehnten aus fast allen Pferdfuttermischungen in Deutschland (nicht in den USA: dort beträgt sein Anteil im normalen Mischfutter fast die Hälfte) verbannt?

Das kann drei Gründe haben:

- Der zurzeit immer noch **schlechte Ruf** des Hafers in der Pferdefütterung, wobei nicht auszumachen ist, wem dies zu verdanken ist.
- Der harte **Konkurrenzdruck** in der deutschen Futtermittelindustrie hat immer umfangreichere Mischfuttermittel mit sehr vielen Beimengungen entstehen lassen nach der Devise: Wo viele Substanzen drin sind, sind auch viele wertvolle Inhaltsstoffe drin.
- **Monetäre Gründe**: Viele dieser Inhaltsstoffe sind Abfall- und Nebenprodukte aus der Zucker-, Getreide- und Ölindustrie wie zum Beispiel Melasse (Abfallprodukt bei der Zuckergewinnung, Bindemittel, Geschmacksverstärker), Maiskleber (Nebenerzeugnis des Maisstärke- und Maisölgewinnung), Getreidekleien (Nebenerzeugnisse der Mehlgewinnung von Roggen, Weizen) oder Schroten (Nebenerzeugnisse bei der Ölgewinnung; Erdnuss, Mais, Soja). Diese Produkte sind im Einkauf äußerst billig und werden in hohen Anteilen dem Pferdfutter beigemischt.

chungen – obwohl die Erkenntnisse schon seit ewigen Zeiten bekannt sind – erneut und unter anderen Aspekten durchgeführt werden, um die im Gehirn vieler Pferdebesitzer verwurzelten Vorurteile »Hafer sticht«, »von Hafer spinnen die Pferde« oder »Hafer hat zu viel Eiweiß und davon bekommen sie Hufrehe« entgegenzuwirken.
Schon in den 90er-Jahren des letzten Jahrhunderts fand man heraus (Prof. Ellen Kienzle (Uni München), Dr. Simone Radicke (Hannover); Untersuchungen zur Verdauung von Mais- und Haferstärke beim Pferd), dass die Stärke aus ganzen Haferkörnern im Dünndarm deutlich höher aufgeschlossen wird als die Stärke der Getreidearten Mais oder der Gerste. Und die oben beschriebenen Gefahren des unverdauten Übergangs der Stärke in den Dickdarm sind bei der Haferfütterung wesentlich geringer.

Was macht Hafer so wertvoll?

Die Struktur der Pflanzengattung Hafer (Rispe) liegt weit entfernt von denen anderen Getreidearten wie beispielsweise Gerste (Ähre) oder Mais (Lilienartige). Seine wertvollen Inhaltsstoffe an Baustoffen (z.B. Aminosäuren), ungesättigten Fettsäuren (Linolsäure) und Struktur- und Ballaststoffen in Kombination mit den vom Pferd gut verdaulichen Energiestoffen (Kohlenhydrate) werden durch zahlreiche Vitamine, Mineralstoffe und Spurenelemente ergänzt. In der menschlichen Schon- und Diätkost werden mit Hafer übrigens viele Beschwerden behandelt wie zum Beispiel Magen-Darm-Leiden, Gal-

Die Spelzen des ganzen Hafers verlängern die Fresszeiten.

len- und Nierenerkrankungen, Rheuma- und Kreislaufbeschwerden.

Vielleicht liegt das an der Zusammensetzung der Inhaltsstoffe beziehungsweise ihrer jeweiligen Anteile. In den USA ist übrigens seit einigen Jahren eine deutliche Trendwende (weg vom Mais, hin zum Hafer) festzustellen, weil Hafer wesentlich mehr Zellulose-Fasern enthält als Mais. Wegen seiner Spelzen regt Hafer das Pferd zum gründlichen Einspeicheln und Kauen an, was der Verdauung zusätzlich zugute kommt. Deshalb sollte man möglichst ganzen Hafer füttern.

Ausnahmen sind ältere Pferde mit Zahnproblemen oder Pferde, die das Krippenfutter sehr hastig herunterschlingen. Dann kann es passieren, dass mehr oder minder viele ganze Körner unverdaut ausgeschieden werden.

Die Nachteile des Hafers

Hafer besitzt ein **enges Kalzium-Phosphor-Verhältnis** und einen Mangel an den fettlöslichen Vitaminen D (Bildung im Körper durch Sonnenlicht) und K (Blutgerinnung). Sein Lysingehalt ist zum Beispiel bei abgesetzten Fohlen nicht ausreichend. Einseitige Haferfütterung kann überdies zu **Stoffwechselstörungen**, insbesondere beim Mineralstoff- und Säure-Basen-Haushalt führen. Deshalb sollte bei reiner Haferfütterung stets ein Mineralfutter verabreicht werden.

Dieser fertig gekaufte Walzhafer entwickelte bereits nach einigen Tagen Schimmel.

Außerdem gilt Hafer als das kritischste Getreideprodukt, was **Pilz-, Milben- und Keimbefall** betrifft. Die Ursache sind die ihn umgebenden Spelzen, die bei der Lagerung und Trocknung zerfallen beziehungsweise stauben können und dann einen idealen **Nährboden für Mikroorganismen** darstellen. Bei Unwettern im Sommer knicken die Halme besonders der langstieligen Haferarten schnell um und sind dann anfällig für Schimmelbildung. Vom Kauf bereits industriell gequetschten Hafers muss abgeraten werden, da hier eine besonders hohe Keimbelastung vorliegen kann. Wenn schon quetschen (z.B. bei Zahnproblemen), dann am selben Tag verfüttern.

Nur einwandfreien Hafer verfüttern!

Durch eine einfache so genannte Sinnenprüfung lässt sich die Qualität von Hafer testen:

- Die Spelzen des Hafers dürfen nicht dunkel verfärbt oder gar sichtbar schimmelig sein
- Hafer darf nicht muffig, sondern soll nussig riechen
- Er darf sich weder klamm anfühlen, noch soll er übermäßig stauben
- Mäusekot, Metallteile, kleine Steine, giftige Mutterkörner oder Vorratsschädlinge wie Mehlmotten oder Kornkäfer dürfen nicht enthalten sein
- Die Qualität beziehungsweise der Gehalt von Hafer kann schließlich auch noch über sein spezifisches Gewicht ermittelt werden. Hierzu nimmt man einen Messbecher von einem Liter, bestimmt mit einer Waage sein Gewicht und füllt ihn dann bis zum Eichstrich voll. Beträgt es weniger als 450 Gramm, ist der Hafer weniger gehaltvoll, 450 bis 500 Gramm sind ausreichend, über 500 Gramm gut
- Eine genaue Qualitätsprüfung ist nur über eine Hafer-Analyse auf Keime und andere Verunreinigungen durch die Landwirtschaftlichen Untersuchungs- und Forschungsanstalten der Bundesländer nachweisbar (LUFA).

Die Haferfütterung setzt hohe Qualitätsmaßstäbe voraus.

Die Bestandteile von Hafer

Bestandteile, Inhaltsstoffe	Wirkung
8 bis 13 Prozent Proteine (Eiweiß) *1)	Proteine sind Baustoffe. Das Eiweiß des Hafers enthält zwanzig verschiedenen Aminosäuren (Mais und Gerste enthalten beispielsweise nur die Hälfte). Davon können acht vom Pferdekörper nicht selbst hergestellt werden (essentiell). Diese sind besonders wichtig für den Aufbau und Erhalt von Muskeln, Organen und Bindegeweben (zum Beispiel Lysin)
4 bis 6 Prozent Fett *1)	ungesättigte Fettsäuren, z.B. Linolsäure ist ein essentieller Nährstoff und muss deshalb in ausreichender Menge mit der Nahrung zugeführt werden (beeinflusst Entzündungsprozesse nachhaltig)
8–15 Prozent Ballaststoffe *1)	Struktur- und Ballaststoffe haben regulierende Wirkung auf Nahrungsaufnahme, Kautätigkeit, Speichelproduktion, Darmmotorik
50 bis 63 Prozent Kohlenhydrate *1)	Brennstoffe, Energie liefernde Substanzen
Phytosterine	Phytosterole (pflanzliche Streole) verhindern z.B. die Aufnahme von Cholesterol
Provitamin A (Beta-Carotin)	Vitamin A-Mangel kann Infektionsanfälligkeiten, Atemwegserkrankungen, Erkrankungen des Darms, Fruchtbarkeitsstörungen auslösen, Sehstörungen forcieren und ist für sehr brüchige und schlechte Hufe verantwortlich
Vitamin B1	(6 mg/kg Hafer); zentrale Funktion im Kohlenhydratstoffwechsel
Vitamin B2	Riboflavin; »Wachstumsvitamin« (1,5 mg/kg Hafer)
Vitamin B6	Unentbehrlich für den Aminosäurestoffwechsel
Vitamin E	Ein hoher Vitamin E-Gehalt wirkt sich positiv auf Herz- und Skelettmuskulatur aus
Pantothensäure	Vitamin B 5; wichtige Rolle im Stoffwechselgeschehen
Niacin	zentraler Bedeutung für den Stoffwechsel von Eiweißen, Fetten und Kohlenhydraten
Biotin	Vitamin H; sprödes, schlecht wachsendes Hufhorn kann durch Biotin verbessert werden6
Folsäure	Vitamin B 9; wichtige Rolle bei der Zellteilung; Folsäuremangel bedingt Leistungsschwäche
Kieselsäure	Silicea; auch im Schüßlersalz Nr. 11 enthalten; unterstützt Bindegewebe, Haut und Haare
Mineralstoffe	Höhere Anteile von Calcium (Knochen-, und Zahnbildung) als in allen anderen Getreidesorten
Spurenelemente	Eisen (Blutbildung), Mangan und Zink (wichtige Funktion bei zahlreichen Stoffwechselvorgängen)

**1) Die Schwankungen richten sich nach der Art des Hafers und seiner Erscheinungsform (flachkörnig, mittel- und vollkörnig)*

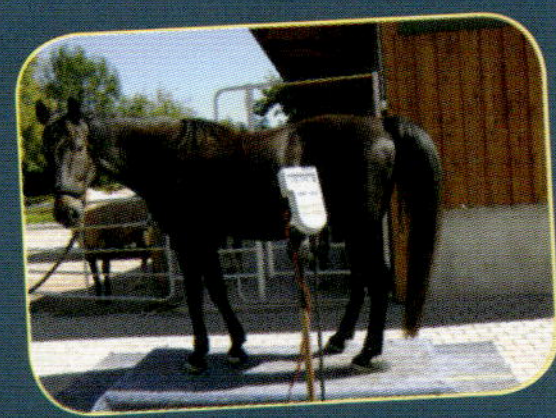
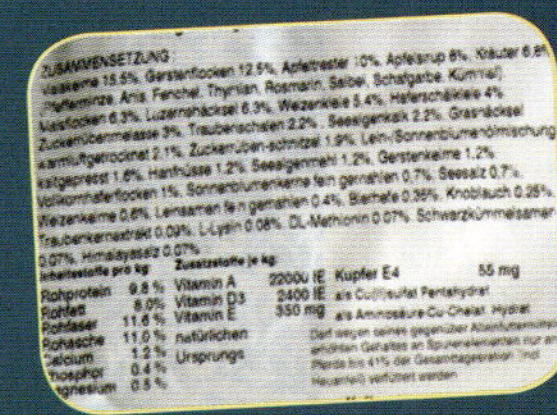

Maschine statt Mensch:

Brauchen wir Computerprogramme für die Fütterung?

Im Computerzeitalter greifen immer mehr Pferdehalter auf entsprechende Fütterungsprogramme zurück, wenn sie den Eindruck haben, dass ihr Pferd nicht optimal ernährt wird oder bereits schon ernährungsbedingte Gesundheitsprobleme aufgetreten sind. Zudem suggerieren die Werbung und die Flut von Produkten der Futtermittelhersteller, dem Pferd könnten lebenswichtige Nährstoffe fehlen oder es sei sogar mangelernährt. Um die Zweifel auszuräumen oder eventuell vorhandene Fütterungsprobleme zu beheben, soll nun der Computer einen objektiven und exakten Rationscheck durchführen und gegebenenfalls eine individuell ideale Futterzusammenstellung errechnen. Was früher die Aufgabe des Futtermeisters war, soll heute also eine Maschine übernehmen in der Annahme, dass diese sich nicht irren könne und über alle menschlichen Fehlerquellen erhaben sei. Doch kann der »digitale Futterberater« diese Erwartungen wirklich erfüllen? Die Antwort vorweg: nein! Denn Computerprogramme berechnen nach »Schema F« und haben außerdem Tücken und Lücken.

Die Voraussetzungen zur Rationsberechnung

Alle Programme benötigen konkrete Angaben über die Istwerte, um die Sollwerte auszurechnen. Bei falschen, unvollständigen oder ungenauen Angaben ist auch das Berechnungsergebnis zwangsläufig unkorrekt oder gar wertlos. Welche Daten sind also unbedingt erforderlich, um eine qualifizierte Berechnung zu erhalten?

Pferdegewicht

Vielfach scheitert eine korrekte Berechnung schon an der fehlenden Kenntnis des exakten Gewichts des Pferdes. Sowohl Schätzungen als auch Messen und Ausrechnen nach der gängigen Berechnungsformel (Brustumfang (cm) (an der Sattellage) x Brustumfang (cm) x Körperlänge (cm) (Buggelenk bis Sitzbeinhöcker) geteilt durch 11900 = Gewicht in Kilogramm) liefern lediglich Anhaltspunkte. Auch das Wiegen auf einer Pferde- oder LKW-Waage gibt nur Auskunft über das momentane Gewicht. Ein dicker Heubauch zum Beispiel kann das tatsächliche Gewicht erheblich verfälschen (bis zu 100 Kilogramm Futterbrei in dem 30 Meter langen Pferdedarm). Auch rassespezifische Gewichtsunterschiede beispielsweise durch eine schwere Knochenmasse werden in der Regel nicht bedacht, ebenso wenig wie ein eventuelles Unter- oder Übergewicht. Denn gibt man das ermittelte Ist-Gewicht in ein Fütterungsprogramm ein, rechnet der Computer den Bedarf des Pferdes für das angegebene Gewicht aus, nicht aber für das Idealgewicht.

Futtermenge

Auch hier machen Zirka-Werte wenig Sinn. Zwischen einer glattgestrichenen und einer gehäuften Handschippe liegen 25 Prozent Unterschied bei der Futtermenge. Deshalb muss die täglich gefütterte Menge gewichtsmäßig mittels Küchen- oder Federwaage genau ermittelt werden. Die meisten Futterprogramme verlangen die Gewichtsangabe in Kilogramm (kg) oder Gramm (g). Andere Maßeinheiten wie Prozente (%), Liter (l), Milliliter (ml), Milligramm (mg) oder Mikro-

Die tägliche Kraft- und Raufuttermenge muss exakt abgewogen werden.

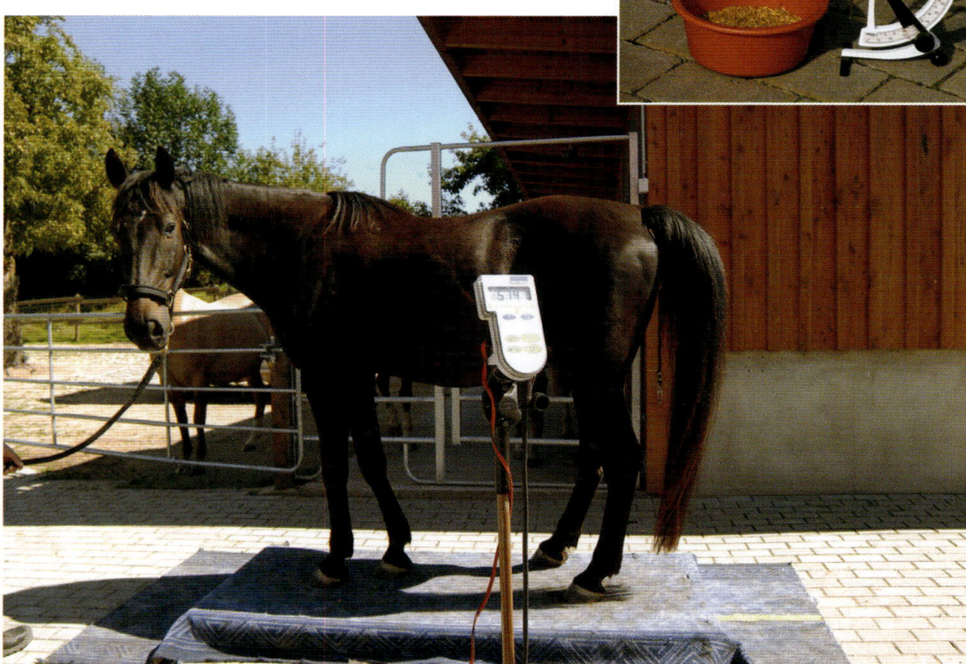

Die Ermittlung des Pferdegewichts ist eine Voraussetzung für die digitale Rationsberechnung.

gramm (mcg) müssen entsprechend umgerechnet werden. Kompliziert wird es auch, wenn die täglich aufgenommene Grasmenge eines Weidepferdes angegeben werden soll, die unter anderem abhängig ist von der Weidedauer (ganztägig oder stundenweise), der Aufwuchshöhe und dem Fressverhalten des Pferdes. Hier kann man sich nur auf Erfahrungswerte stützen, was wiederum ungenaue Angaben und Berechnungsergebnisse impliziert.

Futtersorten

Des Weiteren sind exakte Informationen über die eingesetzten Futtermittel wie Rau- und Nassfutter, Kraft- und Zusatzfutter notwendig. So mancher Pferdehalter und Stallbetreiber ist schon mit der Bestimmung der richtigen Heusorte überfordert. Zudem kann der Gehalt dieses Grundfuttermittels je nach Zusammensetzung und Schnittzeitpunkt erheblich schwanken und ist im Grunde nur durch eine Analyse (zum Beispiel über die LUFA) im Einzelnen zu ermitteln. Bei Gras unterscheiden die meisten Programme allerdings nicht, obwohl es das »Ausgangsmaterial« von Heu darstellt und es logischerweise auch hier große Unterschiede gibt, zum Beispiel kräuterreiche Magerweiden oder Monokulturen aus Hochleistungsgräsern.

Viele Programme haben inzwischen eine umfangreiche Liste gängiger Fertigfuttermittel, die ständig aktualisiert und erweitert wird. Sollte das verwendete Kraft- oder Zusatzfuttermittel nicht in der Auswahl vorhanden sein, kann es unter Angabe der erforderlichen Daten hinzugefügt werden. Diese erhält man direkt vom jeweiligen Hersteller oder alternativ unter www.futterzettel.de. Aufgrund bislang fehlender Regelungen innerhalb Europas dürfen deutsche Hersteller ihre Futtermittel nicht mit dem verdaulichen Rohprotein in Gramm pro Kilogramm und der verdaulichen Energie in Megajoule pro Kilogramm auszeichnen. Der Sackanhänger oder das Etikett reichen also nicht aus!

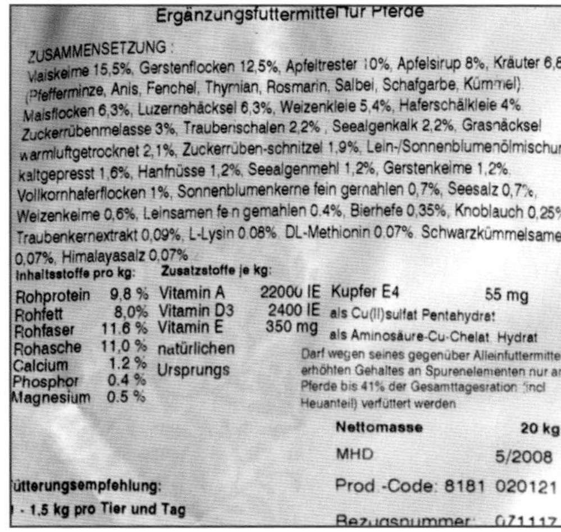

Die Etikettierung gängiger Fertigfuttermittel reicht für die Aufnahme in eine Futtermittelsoftware nicht aus.

Nutzung und Leistung

Der Bedarf eines Pferdes errechnet sich nicht zuletzt aus seiner Verwendung und der zu erbringenden Leistung sowie der Art der Belastung (kurz- oder langfristig). Gerade in dieser Kategorie kommt es häufig zu massiven Fehleinschätzungen seitens der Pferdebesitzer. Neben dem Einsatz als Zuchtpferd kann man hier in der Regel von Erhaltungsbedarf bis schwere Arbeit wählen. Meist besteht eine große Diskrepanz zwischen dem angegebenen und dem tatsächli-

Ein gemütlicher Ausritt von einer bis zwei Stunden ist leichte Arbeit, eine Kutschfahrt von zwei Stunden mittlere,

intensives Westerntraining über ein bis zwei Stunden schwere und

Galopprennen sehr schwere Arbeit.

chen Leistungsanspruch, was wiederum eine realistische Rationsberechnung ausschließt. Etwas mehr Realismus könnte hier nicht bedarfsgerechte Überfütterung vermeiden helfen. Wird ein Pferd etwa täglich eine Stunde locker geritten oder bewegt, liegt es von seiner Belastung her zwischen Erhaltung und leichter Arbeit. Die Kategorie »sehr schwere Arbeit« wird dagegen von den wenigsten Pferden erreicht.

Die Schwächen und Grenzen der Fütterungsprogramme

Beim Menschen rechnet man automatisch mit Mängeln und Fehlern. Nicht so beim Computer. Hier erwartet man Genauigkeit, Lückenlosigkeit und unbedingte Objektivität. Dabei wird aber oft vergessen, dass Programme auch von Menschen geschrieben werden und dass eine Software nur das leisten kann, auf was sie programmiert ist. Im Allgemeinen dient das »Durchschnittspferd« zur Berechnungsgrundlage, individuelle Kriterien müssen hier zwangsläufig zu kurz kommen. Neben den oben genannten Einschränkungen sind der Fütterungssoftware also noch weitere Grenzen gesetzt:

- Die Mehrzahl der Programme gilt ausschließlich für erwachsene (adulte) Pferde und berücksichtigt weder Aufzuchttiere noch Senioren, die einen anderen Bedarf an bestimmten Nährstoffen haben.
- Ähnliches gilt für die individuelle Futterverwertung (leicht- oder schwerfuttrig), die man in kaum einer Eingabemaske findet. Der unterschiedliche Bedarf wird zum Teil lediglich in der groben Einteilung von »Nord-« und »Südpferden« bedacht.
- Auch die Belastung des einzelnen Pferdes durch die Ausrüstung wird nicht in die Rationsbewertung einbezogen. Dabei können Sattel und Reitkleidung bis zu 20 Kilo und mehr wiegen, was nicht unerheblich für die Bedarfsermittlung ist.
- Weitere Fehlerquellen bei der Berechnung können sich aus temporär verabreichten, vom Tierarzt verordneten, hochdosierten Zusatzfuttermitteln ergeben, da viele Programme dann vor einer Überdosierung warnen würden. Gleiches gilt für die Rationsberechnung eines Weidepferdes, bei der die Programme nahezu durchweg eine Überversorgung mit Eiweiß anzeigen, auch wenn das Pferd auf einer Magerweide grast und gesund ist.
- Schließlich sind auch die Umgebungstemperaturen (Winter, Sommer, Warm- oder Kaltstall) und die Haltungsform (bewegungsaktiv oder bewegungseinschränkend) beispielsweise für den Energiebedarf von großer Bedeutung, die in einigen Programmen nicht berücksichtigt werden.

Was bedeuten die Berechnungsergebnisse für den Pferdehalter?

Die von den Programmen errechneten Bedarfswerte eines Pferdes sind keine Absolutwerte, sondern bewegen sich in einem von/bis-Bereich, der einen gewissen Spielraum für individuell bedingte Abweichungen lässt. Nur wenn die Bedarfsbilanz ein krasses Missverhältnis der Istwerte zu den Sollwerten aufweist, sollte die Futterration ernsthaft überprüft werden. Fütterungsprogramme können also eine wertvolle Orientierungshilfe sein, indem sie gravierende Fütterungsfehler aufzeigen und wichtige Hinweise liefern, wo Verbesserungsbedarf besteht oder wo die Ist- und Sollwerte bereits schon nahezu übereinstimmen. Das gilt insbesondere für die Versorgung mit Eiweiß und Energie, den Rohfaseranteil sowie für das Calcium-Phosphor-Verhältnis. Klarmachen muss man sich allerdings, dass es eine Hundertprozent korrekt zusammengestellte Futterration via Computer nicht geben kann. Entscheidend ist, dass man um die Schwachpunkte und Unzulänglichkeiten von Fütterungsprogrammen weiß, ihre Berechnungsergebnisse entsprechend differenziert betrachtet, richtig interpretiert und seinen gesunden Menschenverstand hinzuzieht.

Wer sein Pferd bedarfsgerecht ernähren will, sollte nicht den Denkfehler begehen, dass »viel auch viel hilft«. Im Gegenteil: Kostspieligen Schnickschnack zu füttern, der nicht nur nutzlos, sondern vielleicht sogar schädlich ist, kann erhebliche gesundheitliche Folgen für das Pferd haben. Das gilt insbesondere für hochdosierte Zusatzpräparate. Selbst führende Futtermittelhersteller vertreten heute die Ansicht, dass »weniger meistens mehr ist« und empfehlen als Basisfutter Heu und Hafer von guter Qualität, komplettiert mit einem ausgesuchten Ergänzungsfutter, sprich Mineralfutter.

Damit das Pferd nicht abmagert oder fett wird, ist eine realistische Einschätzung des tatsächlichen Leistungsanspruchs unbedingt Voraussetzung. Gesundheitliche Probleme infolge von Überschüssen oder Defiziten sind Sache des Tierarztes, die mittels Blutanalysen abgeklärt und entsprechend behandelt werden müssen.

Fazit: Die Maschine kann den Menschen also keineswegs ersetzen! Fütterungsprogramme können nur Hilfestellung leisten und den Menschen bei der Rationsberechnung unterstützen – nicht mehr, aber auch nicht weniger.

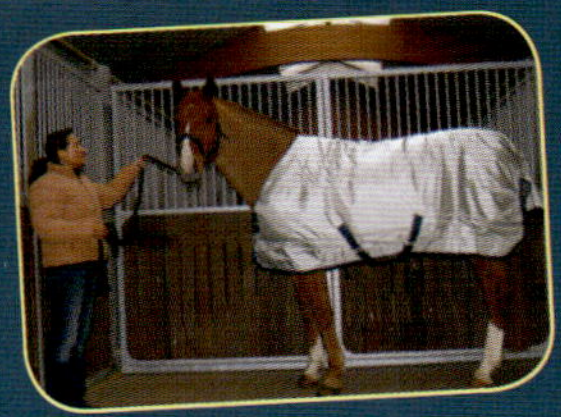

Des Pferdes fehlende »Kleider«: Über Sinn und Unsinn der Pferdeschur

Die Pferdehaut einschließlich ihres Haarkleides ist ein äußerst komplexes und wichtiges Organ. Sie steht in direktem Kontakt zur Umwelt und ist deren vielseitigen Reizen ausgesetzt. Ihre Aufgabe ist es, den Körper gegen Nässe, Wind, Kälte, Hitze, Parasiten, UV-Strahlen oder vor Austrocknung zu schützen. Darüber hinaus reguliert sie den Wärmehaushalt durch eingelagerte Fettzellen, Schweißdrüsen und Haare und ist außerdem ein Atmungs- und Ausscheidungsorgan. Viele dieser Regulierungs- und Schutzfunktionen werden dabei vom Fell des Pferdes übernommen. Es besteht aus feinen Wollhaaren, die als unterer Wärmeschutz dienen und den dickeren und längeren Grannenhaaren, die als Deckhaar den äußersten Schutzschild darstellen. Die etwa 40 Millionen Deck- und Wollhaare eines mittelgroßen Pferdes sind dabei einem ständigen Wandel unterzogen. So arbeiten die verschiedenen Bestandteile eines Pferdehaares wie zum Beispiel Haarzwiebel, Haarschaft, Talgdrüse und Haarbalgmuskel je nach Witterung eng zusammen und werden vom Hypothalamus, dem im Zwischenhirn befindlichen wichtigsten Steuerzentrum des vegetativen Nervensystems, gelenkt. Jedes der 800 Haare pro Quadratzentimeter des Pferdekleides besitzt eine Talgdrüse und einen Haarbalgmuskel. Die Talgdrüsen versorgen die Woll- und Deckhaare mit fettigem Talg, wodurch sie geschmeidig bleiben und die Haut gegen Nässe und Fremdstoffe abschirmen. Die Haarbalgmuskeln ermöglichen das Aufrichten der Wollhaare, wodurch ein Wärme isolierendes Luftpolster zwischen Haut und Deckhaaren entsteht.

Jedes Fellhaar besitzt einen Muskel, der es aufzurichten vermag.

Diese Vielseitigkeit und die Fähigkeit des Fells beziehungsweise der Haut, innerhalb kürzester Zeit auf extreme äußere Reize zu reagieren, um den Organismus zu schützen, heißt Thermoregulation. Und alle Eingriffe, die vom Menschen willkürlich vorgenommen werden wie beispielsweise das Scheren oder Eindecken des Pferdes zu bestimmten Zeiten, können diese wichtige Schutzfunktion außer Kraft setzen oder zumindest erheblich beeinträchtigen.

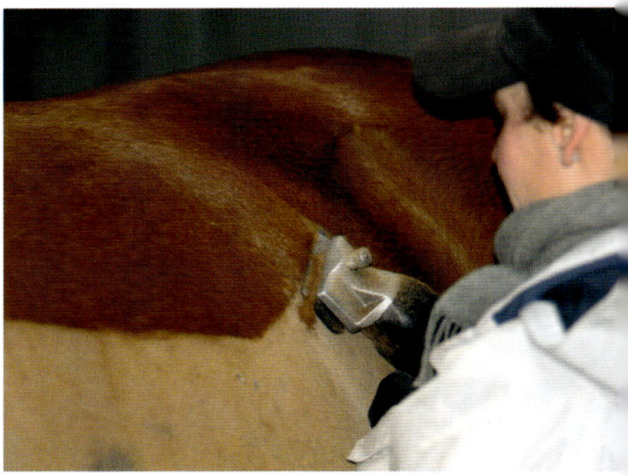

Die Schur ist ein massiver Eingriff in die Thermoregulation des Pferdes.

Wer hat´s erfunden?

Die Idee, Pferde in der kalten Jahreszeit zu scheren und einzudecken, kommt vermutlich ursprünglich aus England. Der Grund war, den Pferden auch im Winter ganztägig die offene Stallhaltung zu gönnen, ohne dass sie während ihres Trainings als Renn- oder Jagdpferd übermäßig ins Schwitzen gerieten und dann Gefahr liefen, sich beim Abkühlen zu erkälten. Heute begründen die Befürworter der Pferdeschur diesen Eingriff mit dem Argument, dass ein eingedecktes Pferd den Arbeitsaufwand vor dem Reiten erleichtere, also weniger Pflegeaufwand durch ein sauberes Fell notwendig sei, und nach dem Training das arbeits- und zeitintensive Trocknen des Pferdes weitestgehend entfiele.

Ob das Eindecken von Pferden im Winter mit einer Ganz- oder Teilschur überhaupt angebracht ist und nützlich sein kann, hat sich auch die »Tierärztliche Vereinigung für Tierschutz e.V.« (TVT) aktuell geäußert. Demnach darf die körperliche Funktion des Haarkleides nicht negativ beeinflusst werden und das Eindecken zur Verhinderung des Fellwachstums sei abzulehnen. Die Pferdeschur sei nur in Ausnahmefällen im Winter und bei intensivem Training angängig.

Eindecken, um den winterlichen Fellwuchs einzuschränken

Viele Pferdehalter decken ihre Pferde oftmals schon ab Mitte September ein, um den natürlichen winterlichen Fellwuchs zu begrenzen und die Leistungsbereitschaft des Pferdes im Training durch geringeres Schwitzen zu erhalten.

Während es bei Warmblütern und Reitponys durch das Eindecken erfahrungsgemäß tatsächlich zu einem geringeren Winterfellwuchs kommt, entwickeln bestimmte Ponyrassen und so genannte »Nordpferde« wie Isländer oder Norweger aufgrund genetisch bedingter Eigenschaften kaum weniger Fellwuchs.

Das Eindecken hängt daneben von vielen Faktoren ab. Dabei stehen der praktische

Wann kann Eindecken notwendig sein?

Erforderlich werden kann das Eindecken eines Pferdes in der kalten Jahreszeit ...

Bei Pferden aus Warmklimazonen kann das Eindecken im Winter notwendig werden.

- wenn es aus welchen Gründen auch immer kein ausreichendes Winterfell bildet beziehungsweise dieses nicht ausreichend dicht ist.
- bei sehr frostigen Temperaturen ab minus 15 Grad.
- wenn es schlottert (sind die Ohren komplett kalt, friert das Pferd).
- bei kranken, alten oder unterernährten Pferden.
- bei Pferden, die aus Warmklimazonen importiert wurden und genetisch bedingt kein wirksames Winterfell entwickeln.
- bei Pferden, die infolge baulicher Mängel kalter Zugluft ausgesetzt sind und von Niederschlägen durchnässte Tiere bis das Fell vollständig getrocknet ist.

Nutzen und gesundheitliche Aspekte im Vordergrund. Vorteilig sind tatsächlich der geringere Aufwand bei der Pflege und weniger Probleme mit dem verschwitzten Pferd nach dem Reiten. Außerdem kann das Training auch im Winter in vollem Umfang durchgeführt werden.

Von Nachteil ist, dass sich die natürliche Wärmeregulierung des Pferdes ändert und schwächt beziehungsweise seinen Wärmehaushalt durcheinanderbringt. Außerdem reicht eine Decke oft nicht aus. Die verschiedenen Wetter- und/oder Haltungsbedingungen erfordern unterschiedliche Decken und diese müssen regelmäßig gewechselt oder den Witterungsbedingungen angepasst werden.

Gibt es Ausnahmen, die eine Schur rechtfertigen?

Pferde können ausnahmsweise ganz oder teilweise geschoren werden, wenn sie intensiv trainiert werden und der Kreislauf durch das dichte Winterfell überfordert würde. Neben dem rechtzeitigen Scheren, also vor Beginn des Winterfellwechsels etwa im September, ist dann aber auch das dauerhafte Eindecken bis etwa April unbedingt angesagt. Schwierig kann dies werden, wenn – wie in den letzten Jahren oft der Fall – durch Klimaveränderungen extreme Wetterschwankungen stattfinden (20 Grad im Februar 2008, hochsommerartige Wetterlage im März 2007). Dann sollte das Eindecken mittels unterschiedlicher Decken flexibel gestaltet werden.

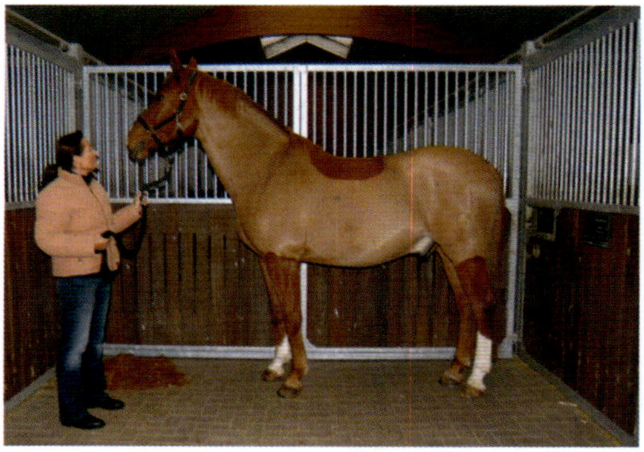
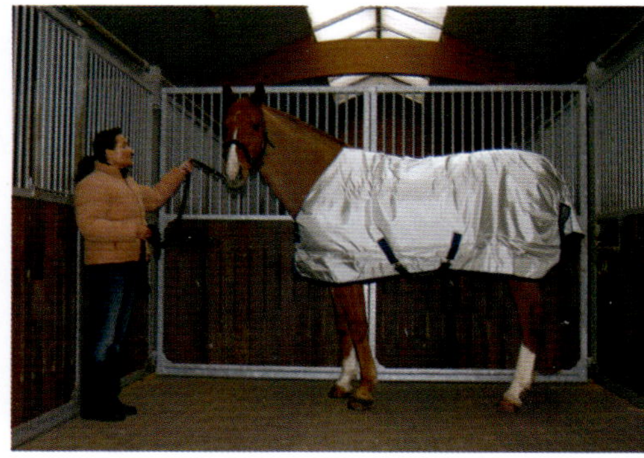

Für Sportpferde auf hohem Leistungsniveau kann eine Schur (hier der Jagdschnitt) mit entsprechendem Eindecken durchaus sinnvoll sein.

Diese Fragen sollte man sich vor der Entscheidung zum Scheren allerdings ehrlich stellen:

- Wird das Pferd im Winter wirklich regelmäßig intensiv geritten?
- Steht es in einer Gruppenauslaufhaltung, kann es zu Schwierigkeiten beim Handhaben mit dem Eindecken kommen (Abstreifen der Decke, Beknabbern durch andere Pferde). Steht es aber in einer Paddockbox mit Einzelauslauf, kann eine Schur beziehungsweise Teilschur mit Eindecken angebracht sein.
- Wird es nur wenige Male pro Woche im Winter geritten, kann die Schur entfallen, wenn eine den Witterungsverhältnissen entsprechende Rittplanung aufgestellt wird und man es nach der Arbeit temporär eindeckt.
- Hat man sich vielleicht von anderen Pferdeeinstellern beeinflussen lassen, sein Pferd zu scheren, auch wenn es gar nicht notwendig ist? Dieser Art von »Gruppenzwang« sollte man sich nicht zum Nachteil seines Pferdes unterwerfen.

Welche Teilschur für welchen Zweck?

Es gibt insgesamt vier Teilschuren, zwei gemäßigte und zwei radikalere, für verschiedene Einsatzarten des Pferdes sowie die Totalschur:

- Beim so genannten Streifenschnitt (Trace-Clip) entfernt man nur einen schmalen

Der Streifenschnitt ist die mäßigste Teilschur.

Beim Deckenschnitt sind nur noch Rücken und Lenden geschützt.

Beim Jagdpferdeschnitt werden fast alle Bereiche geschoren.

Streifen an der Unterseite des Halses, der Unterbrust und dem Unterbauch bis zum Knie, etwa 30 Prozent des Fells. Er erleichtert das Abschwitzen und verringert das Schwitzen während der Arbeit, bietet den Pferden aber noch einen gewissen Schutz an kalten Tagen.

- Beim Rennpferdeschnitt (Chaser-Clip) ist der Fellstreifen an der Halsunterseite breiter. Die Oberseite des Körpers und die Beine werden nicht geschoren (Schur von 50 Prozent des Fells). Diese Teilschur ist bezüglich der Thermoregulation bereits schon kritisch zu betrachten.
- Beim Deckenschnitt (Blanket-Clip) werden lediglich die Rückenpartie in Form einer Schabracke, die Kruppe, Lende und die Beine stehen gelassen, der Rest – auch der Kopf – werden geschoren (Schur von circa 70 Prozent der Fellfläche). Dieser Schnitt bietet nur noch einen Schutz im empfindlichen Lendenbereich. Der Rest ist ungeschützt.
- Den massivsten Eingriff in den Wärmehaushalt des Pferdes stellt der Jagdpferdeschnitt (Hunter-Clip) dar, bei dem bis auf die Beine und die Sattellage alles geschoren wird, also etwa 90 Prozent der Körperoberfläche. Die Sattellage wird deshalb ausgespart, weil die Pferde sonst Satteldruck bekommen könnten. Er entspricht praktisch dem Ganz- oder Totalschnitt (Full-Clip).

Das Anpassungsgenie Pferd verfügt über ein bemerkenswert effizientes Thermoregulationsvermögen. Bei Kälte und Wind ziehen sich seine Blutgefäße in den oberen Hautschichten zusammen, wodurch sich die Körperwärme im Innern erhält und nicht nach außen abgegeben wird. Das Scheren und Eindecken kann diese Abläufe stören und zu Erkältung oder Husten führen, vor allem dann, wenn häufige Temperaturschwankungen stattfinden oder wenn das Eindecken nachlässig gehandhabt wird.

Aus gesundheitlicher und tierschutzrelevanter Sicht kann das Eindecken im Winter ohne Schur überdies dann bedenklich sein, wenn das Pferd ständig und mit einer zu schweren Winterdecke in einem Warmstall steht. In diesem Fall werden die Hautatmung und der natürliche Feuchtigkeitsaustausch der Körperoberfläche durcheinander gebracht und es neigt zu Hautpilzerkrankungen. Unschön ist auch, wenn die Decke nicht regelmäßig gewaschen wird, außen mist- und innen schweißverklebt ist.

Auch bei Isländern kann eine Teilschur nicht nur gerechtfertigt, sondern auch zwingend notwendig sein.

Sonderfälle

Isländer und Norweger bilden in der Regel ein sehr ausgeprägtes Winterfell und neigen bei Temperaturen über 12° Celsius sowie bei intensiver Arbeit ohne Schur sehr zum Schwitzen. Die Trocknungszeit von Isländern kann dabei ein bis zwei Tage dauern! Deshalb werden diese Rassen etwa im September/Oktober häufig geschoren (meist Streifenschnitt), auch wenn sie im Offenstall stehen. Isländer beginnen mit dem Fellwechsel genetisch bedingt bereits im September, auch wenn sie zum Beispiel in Spanien stehen.

Dieses sehr alte (50 Jahre!) Shetland-Pony musste aufgrund seines verspäteten Fellwechsels im Frühjahr immer geschoren werden.

Südpferde wie Andalusier, Lusitanos oder Paso-Peruanos entwickeln meist nur ein spärliches Winterfell. Deshalb ist eine Teilschur meist überflüssig. Sie müssen im Gegenteil je nach Art der Haltung an sehr kalten und vor allem nassen Tagen sogar temporär eingedeckt werden. Können sich allerdings alle Pferde unabhängig von der Rangordnung und dem Platzbedarf bei Nässe und Sturm in sichere und trockene Unterstände oder Innenbereiche zurückziehen, ist auch eine Decke nicht nötig. Besteht jedoch die Gefahr, dass sie der extremen Witterung ausgesetzt sind, müssen sie eingedeckt werden.

Ältere Pferde leiden vor allem im Frühjahr unter einem verzögerten Fellwechsel und schwitzen bei höheren Temperaturen übermäßig. Das Scheren kann diesen Pferden dann eine sichtliche Erleichterung verschaffen.

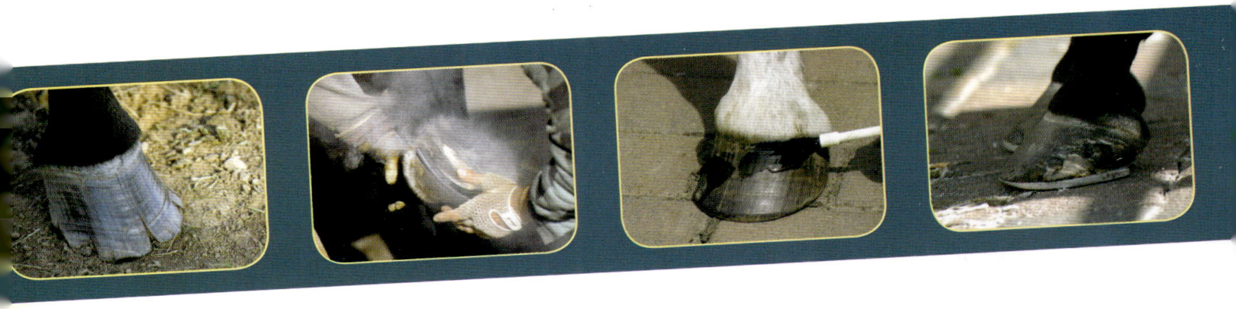

Bröckelnde Fundamente: Die Folgen falscher Hufpflege

Autos fahren mit Reifen, Gebäude stehen auf Fundamenten, Menschen laufen mit Füßen – und Pferde mit Hufen. Diese »Kontaktstellen« zwischen den Objekten beziehungsweise Subjekten und dem Erdboden sind aufgrund der Schwerkraft unseres Planeten notwendig. Bei den Hufen kommt allerdings erschwerend hinzu, dass sie im Verhältnis zum darüber liegenden Körper relativ klein sind. Zudem sind sie in hohem Maße nicht nur statischen, sondern vor allem dynamischen Belastungen ausgesetzt. So müssen die Hufe bei jedem Kontakt mit dem Untergrund Reibungskräften entgegenwirken, beim Auftreffen auf schrägem Boden Scherkräften standhalten, auf harten Böden Schlagkräfte auffangen, auf steinigen Böden punktuelle Kräfte auf der Sohle aushalten, bei Trockenheit Feuchtigkeit speichern und gegen Kälte, Nässe und eindringende Keime gewappnet sein. Diese breite Palette von Belastungen und Einflüssen erklärt den komplexen Aufbau eines Pferdehufes.

Die Vielzahl von Schichten, weichen und harten Geweben, Blutgefäßen, Nerven, Knochen, Gelenken und Anschlüssen von Streck- und Beugesehnen sind genaustens aufeinander abgestimmt. Schon kleinste Unregelmäßigkeiten in diesem Gefüge führen zu Schäden im Huf. Sie können von außen ver-

Eine alte chinesische Weisheit sagt, dass jeder Pferdehuf ein zusätzliches Herz ist, weil er Blut pumpt.

Solche vernachlässigten Hufe sind heute keine Seltenheit!

ursacht werden, beispielsweise durch eine falsche Hufbearbeitung und/oder Pflege, aber auch von innen durch eine unzureichende Zufuhr notwendiger Nähr- und Vitalstoffe.

Tatsache ist, dass die Qualität und die Form der Hufe von ausschlaggebender Bedeutung für das Wohlergehen des Pferdes sind und ein Spiegelbild seiner Gesundheit darstellen. Sind die Hufe in schlechtem Zustand, ist seine Lauffreude erheblich herabgesetzt. Das bekommen Freizeitreiter ebenso zu spüren wie Sportreiter. Die Ursachen für die meisten Lahmheiten beim Pferd gehen von den Hufen aus und enden nicht selten in vorzeitiger Unbrauchbarkeit.

Der Huf ist bereits unter normalen Bedingungen enormen Belastungen ausgesetzt, was ein hohes Maß an Stabilität und Elastizität erfordert. Auf der anderen Seite muss er ausreichend widerstandsfähig sein, um den Abrieb auf hartem Untergrund standzuhalten. Pferde mit weichen, bröckeligen Hufen und einer dünnen Hufsohle sind in ihren Aktivitäten massiv eingeschränkt. Läuft das Pferd auf weichem Boden erheblich besser als auf hartem oder geht es auf steinigem Untergrund deutlich fühlig, kann das ein Hinweis auf eine schlechte Beschaffenheit des Hufhorns sein.

Welche Rolle spielt die Ernährung?

Die Ernährung hat einen erheblichen Einfluss auf das Wachstum und die Qualität des Hufhorns. So fördert vitamin- und mineralstoffreiches Futter sowie ausreichendes und qualitätsvolles Raufutter das Hornwachstum. Es gibt außerdem Präparate, die speziell auf Fell und Horn wirken. In der Regel ist es aber ausreichend, wenn man ausschließlich einwandfreie und unverdorbene Futtermittel verwendet und insbesondere im Winterhalbjahr als Ergänzung ein Mineralfutter verabreicht.

Methionin spielt eine wichtige Rolle für die Bildung und Erhaltung einer elastischen Knorpelstruktur und gesunden Huflederhaut. Diese lebensnotwenige, schwefelhaltige Aminosäure kann vom Organismus des Pferdes nicht selbst hergestellt werden, muss also über das Futter zugeführt werden. Methionin ist in vielen Futtermitteln enthalten und kommt vor allem in Frischgras, Heu und einigen Getreidearten wie Hafer mehr oder minder stark vor.

Kupfer und Vitamin C aktivieren bestimmte körpereigene Reaktionen und sind für die Bildung festen Hufhorns wichtig. Der Anteil von Silizium ist im Pferdefutter aufgrund der einseitigen Entwicklung im Getreide- und Grasanbau in den letzten Jahrzehnten nach neuesten Studien um 80 Prozent zurückgegangen. Das Spurenelement Silizium beziehungsweise Siliziumoxid steuert den Mineralstoffwechsel, gewährleistet die Entwicklung des Bindegewebes, die Kalzinierung beim Knochenaufbau und stimuliert das Hufwachstum.

Eisen, Zink und Selen haben ebenfalls enormen Einfluss auf die Beschaffenheit des Hufhorns. Pferde mit schlechten Hufen können einen Zinkmangel haben. Auf der anderen Seite kann ein Überschuss an Selen aber auch zu Vergiftungen beim Pferd führen. Schon bei drei bis vier Milligramm pro Kilogramm Trocken-Futtermasse zeigen sich erste Anzeichen von Toxizität wie Einschnürungen an den Hufen und Lahmheiten. Mehr als sechs Milligramm lösen akute Vergiftungserscheinungen aus und können zum Ausschuhen führen.

Der Huf besteht hauptsächlich aus Eiweiß. Bekommt das Pferd diesen Baustoff jedoch nicht ausreichend über die Nahrung zur Verfügung gestellt, wird das Eiweiß vom Organismus der Muskulatur entzogen, welches aber nicht annähernd die Qualität hat wie jenes, welches über die Nahrung beispielsweise durch Hafer zugeführt wird (siehe hierzu auch Kapitel 14, Von Fertigfutter und »Hafer-Angst«). Deshalb sind die Bildung und das Wachstum qualitativ hochwertigen Hufhorns und der Huflederhaut auch von hochwertigen Nährstoffen abhängig.

Als Wundermittel von innen gilt nach wie vor Biotin (= Vitamin H; Hautvitamin). Die Wirkung von Biotin ist derzeit noch immer nicht genau bekannt. Es soll am Aufbau des Eiweißmoleküls Alpha-Keratin beteiligt sein, welches ein hohes Maß an Elastizität aufweist. Biotin lässt den Huf aber nicht schneller wachsen, sondern beeinflusst ihn zugunsten einer härteren Beschaffenheit und stärkeren Hufwand. Sehr eigenartig sind allerdings die Preisunterschiede der verschiedenen Biotinprodukte. Dabei haben sich bis zu 300 Prozent Preisdifferenz ergeben. Einen wichtigen Hinweis liefert hierbei die Angabe über den Anteil des Biotins auf dem Beipackzettel des Produktes. In manchen Biotin-Zusatzfuttermitteln sind 750.000 mcg (Mikrogramm) pro Kilogramm enthalten, in anderen etwa 1,5 bis 2,5 Millionen mcg. Deshalb lohnt sich vor dem Kauf ein Vergleich von Inhalt und Produktpreis.

Biotin erzeugt eine stabile Hufstruktur, beschleunigt aber nicht das Wachstum.

Biotin wird vom Pferd aber auch über das Raufutter im Darm selbst hergestellt. Hat es keine akuten Hufprobleme, ist sein Bedarf an Biotin also über die normale Heuration abgedeckt.

Mit der richtigen Haltung und Pflege steht und fällt die Hufgesundheit

Von entscheidender Bedeutung ist vor allem auch die Haltung. Wenn ein Pferd dauerhaft in einer Box gehalten wird, kann es sein, dass es nie gesunde Hufe bekommt. Es entspricht einfach nicht den natürlichen Bedingungen der Pferde ausschließlich auf weicher, unhygienischer Einstreu zu stehen. Die ammoniakdurchtränkten Exkremente greifen das Horn und den Strahl an, machen sie weich und faulig. Außerdem fehlt bei der Boxenhaltung die für das Hornwachstum so wichtige kontinuierliche Bewegung, denn diese fördert die Durchblutung der Hufe. Das Beste ist also eine pferdegerechte Haltung mit Bodenkontakt auf natürlichem Untergrund wie Gras, Sand und Erde. Nur so kann sich ein angegriffener Huf wieder regenerieren und stabilisieren.

Eine schonende Reinigung der Hufe erhält die Glasurschicht.

Maßgebend für gesunde Hufe ist außerdem eine korrekte Pflege. Dabei sollten die Hufe mindestens einmal am Tag überprüft und mit einem nicht zu scharfkantigen Hufkratzer ausgeräumt werden. Besonderes Augenmerk gilt dabei der Strahlfurche und der weißen Linie. Denn diese beiden Bereiche sind für das Eindringen kleiner Fremdkörper und Keime besonders anfällig. Während man die Sohle durchaus mit einer Drahtbürste reinigen kann (aber nicht »rumschrubben«!), sollte man die äußere Hufwand nur mit einer weichen Bürste säubern, damit die schützende Glasurschicht nicht angegriffen wird. Besonders verschmutzte Hufe spritzt man entweder mit einem Wasserschlauch ab oder wäscht sie schonend mit einem Schwamm sauber.

Bei der so genannten Halbrobusthaltung (tagsüber auf Ausläufen oder Weiden und nachts in Boxen oder Laufställen) ist es am günstigsten, wenn man die Hufe gleich morgens ausräumt. Das morgendliche Säubern der Hufe ist deshalb wichtig, da sonst der Boden des Auslaufs oder der Weide den Dung, der sich nachts vor allem in den Strahlfurchen festsetzt, tagsüber einschließt und so Fäulnisprozesse in Gang setzen kann.

Die Elastizität des Hufes hängt auch von seinem Wassergehalt ab. Daher muss er entsprechend den äußeren Verhältnissen angepasst werden: bei Trockenheit regelmäßiges Befeuchten beziehungsweise Wässern. Trockene Hufe entwickeln rasch zu hartes und sprödes Horn, das zum Ausbrechen neigt. Außerdem schränkt Trockenheit das Hornwachstum ein. Andererseits dürfen Pferde nicht permanent in feuchtem Milieu stehen.

Eisen dürfen nur kurz aufgebrannt werden.

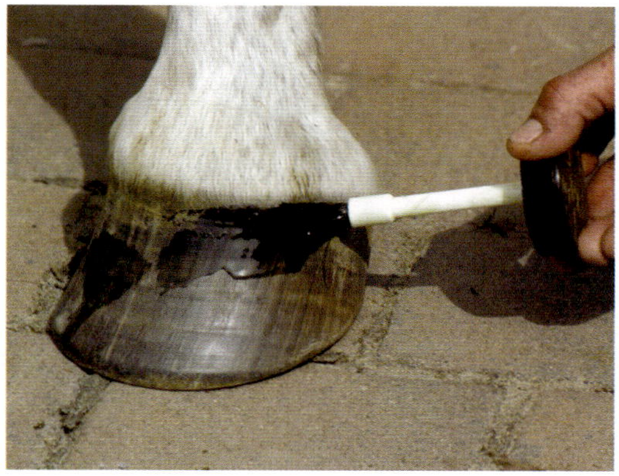

Ob Huflotionen mit Lorbeeröl einen positiven Einfluss auf das Hornwachstum haben, ist nicht bewiesen.

Die Hufe können dann weich und anfällig für Fäulnis werden.

Für die Pflege beschlagener Hufe gelten prinzipiell die gleichen Kriterien wie für den Barhuf: ausgeglichene Ernährung, Verabreichen von Zusatzfuttermitteln für das Hufwachstum, saubere und trockene Einstreu sowie Bewegung. Probleme können beim beschlagenen Huf durch Beschädigungen der Hufléderhaut infolge zu langen Aufbrennens des Eisens auftreten. Da dies aber ein Beschlagproblem darstellt, soll an dieser Stelle nicht weiter darauf eingegangen werden.

Wurden zum Schutz einer dünnen Sohle Kunststoffeinlagen zwischen Eisen und Hufsohle eingearbeitet, gestaltet sich die Reinigung und Pflege von Strahl, Strahlfurche und Sohle schwierig. Hier eignen sich Hufbäder mit antiseptischen Lösungen wie beispielsweise Rivanol®, wobei man den Huf am besten in eine Plastikwanne mit fünf bis 10 Zentimeter warmer Lösung stellt und fünf bis zehn Minuten darin belässt.

Das klassische Huffett schadet mehr als es nutzt, weil es zum einen kaum in das Horn eindringt und zum anderen die Oberfläche des Hufes versiegelt und dadurch die wichtige Feuchtigkeitsaufnahme verhindert. Besser sind hier möglichst fettarme Balsame oder Gele mit Huf fördernden Inhaltsstoffen, die man nach dem Wässern aufträgt.

Auch Hufhärter oder Huffestiger, die die Hornqualität verbessern und den Hufabrieb verringern sollen, halten laut einer Studie der Universität Zürich nicht, was sie versprechen. Die Wissenschaftler Karl Münsinger, Brigitta Monhart und der »Hufpapst« Prof. Dr. Hans Geyer untersuchten die Wirkung verschiedener Tinkturen auf die Hornqualität, indem sie 20 Hornproben über 24 Stunden in die jeweiligen Hufschutzpräparate einlegten. Dabei konnten keine gravierenden Unterschiede im Hinblick auf die Zugfestigkeit zu den unbehandelten Kontrollproben festgestellt werden. Bei einem Präparat war die Zugfestigkeit sogar leicht herabgesetzt.

Die meisten Tinkturen konnten zudem nicht in das Hufhorn eindringen, sondern bildeten lediglich einen dünnen, nagelklackähnlichen Überzug mit zweifelhafter Schutzwirkung.

Bearbeitung von Barhufen

Die korrekte Bearbeitung eines unbeschlagenen Hufes ist äußerst wichtig, weil er ganz anders behandelt werden muss als ein beschlagener. Inzwischen hat sich die Qualität und Quantität der Hufpfleger und Huftechniker in Deutschland dank der zahlreichen neuen und privaten Hufinstitute erheblich verbessert. Der Trend zum barhufgehenden Pferd ist – vor allem in Verbindung mit nagellosen Hufschutzvorrichtungen – ungebrochen, weil man erkannt hat, welche Nachteile sich aus eisenbeschlagenen Hufen ergeben können. Viele der »klassischen«

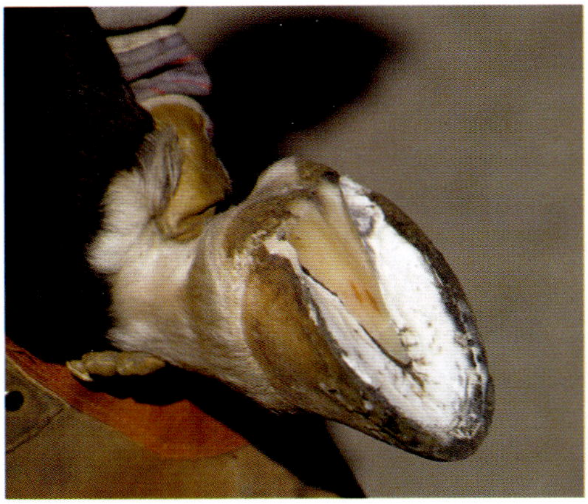

Realität bei der Barhufbearbeitung: ausgeräumte Sohle, zu stark heruntergeschnittene Eckstreben und gekürzter Strahl sowie unzureichendes Rundpfeilen des Tragrandes ohne Zehenrichtung.

Hufschmiede sind durch ihre Ausbildung und tägliche Praxis aber nach wie vor auf das Beschlagen von Hufen fixiert und machen bei der Barhufbearbeitung oft keinen Unter-

! Selbständiges Bearbeiten der Hufe ist verboten!

Einige Pferdebesitzer werden sicherlich irgendwann mit dem Gedanken spielen, die Hufe ihrer Pferde zwischendurch selbst **nachzuraspeln** beziehungsweise zu **korrigieren** oder machen es bereits schon seit vielen Jahren zum Teil erfolgreich. Das ist durch das **neue Hufbeschlaggesetz** seit April 2006 uneingeschränkt verboten. Auf der einen Seite ist dieses Verbot schon lange überfällig, wenn man sieht, was manche fachlich ungebildeten und ungeschickten Pferdebesitzer mit ihren Verstümmelungen an den Hufen anrichten. Auf der anderen Seite ist es aber ein großes **Desaster** für diejenigen Pferdehalter und kleineren Züchter, die sich durch Weiterbildung an einer der zahlreichen und kompetenten privaten Hufschulen, durch persönliches Geschick und langjährige Erfahrung dahingehend ausgezeichnet haben, die Hufe ihrer eigenen Pferde optimal zu bearbeiten. Denen sind jetzt durch die Gesetzes-Novellierung im wahrsten Sinne des Wortes die Hände gebunden und sie müssen auf zugelassene **Hufpfleger** zurückgreifen. Vielleicht hätte man diese Gruppe in dem neuen Gesetz besser berücksichtigen müssen, eventuell durch eine Art staatlich anerkannter Prüfung.

schied und dadurch häufig Fehler: Sie räumen die Sohle aus, kürzen den Strahl, schneiden die Eckstreben übermäßig aus und runden den Tragrand nicht ausreichend. Auch wird die Hufbearbeitung aus Zeitmangel häufig zu schnell durchgeführt. Es wird nicht richtig hingeschaut, die Hufebenen perspektivisch nicht auf eine mögliche Schiefe oder Unverhältnis zum Fesselstand untersucht und die Bewegungsabläufe beim Schrittgehen des Pferdes nicht ausreichend betrachtet. Ein guter Hufbearbeiter hingegen lässt sich Zeit und geht auf Probleme des Pferdebesitzers ein, ohne sich gleich in seiner Berufsehre angegriffen zu fühlen.

Vom »alten Eisen«: Ist Hufbeschlag noch zeitgemäß?

Die Natur hat in 60 Millionen Jahren mit dem Huf ein Organ entwickelt, das in der Lage ist, immense Druckkräfte abzufangen und umzuleiten, ohne dass hierdurch erhebliche Reibungsverluste und Abnutzungserscheinungen entstehen. Der Huf ist von der Natur also so ausgestattet, dass er keinen Hufschutz benötigt. Erst die vermehrte Nutzung des Pferdes als Arbeits- und Transporttier über größere Entfernungen machte den Hufbeschlag notwendig. Ursprünglich als Abriebschutz für täglich hart arbeitende oder über lange Strecken laufende Pferde gedacht, hat das Hufeisen heute eine Selbstverständlichkeit erlangt, die mit der tatsächlichen Verwendung des Pferdes meist nichts mehr gemein hat. Denn die Mehrzahl unserer heutigen Freizeit- und Sportpferde wären durchaus in der Lage, mit ihrem Hufhorn auszukommen, sofern Haltung und Hufpflege stimmten. Der scheinbar unausrottbare Glaube an die Unentbehrlichkeit des Hufbeschlages beruht zum einen auf der sicherlich wohlgemeinten Annahme, den Huf schützen zu müssen und zum anderen auf einer falschen Art und Weise der Hufbearbeitung, die die Pferde ohne Eisen schlecht laufen lässt, weil sie dem Huf seine natürliche Schutzfunktion mit Sohlengewölbe, tragenden Wänden, Strahl und gleichmäßiger Belastung nimmt. Hinzu

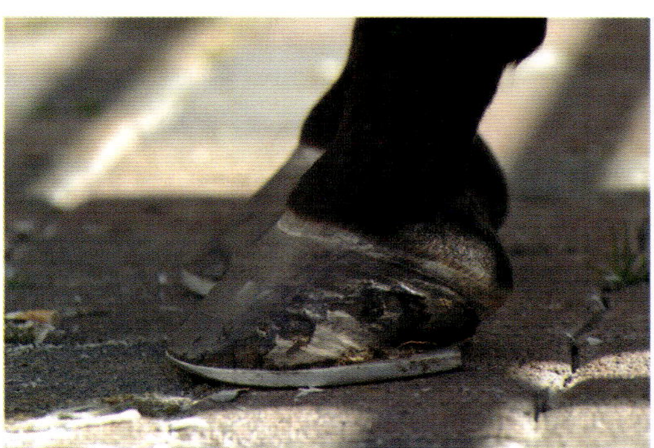

Durch einen mangelhaften Beschlag beschädigte Hufe benötigen eine kompetente Korrektur und eine ausreichende Regeneration.

kommen Haltungsfehler und die fehlende Geduld einiger Pferdehalter, dem Pferd genügend Gelegenheit und Zeit zu geben, sich an das Laufen ohne Eisen zu gewöhnen und durch entsprechendes Hornwachstum auch auf hartem Untergrund zu bestehen.
Schon im Mittelalter bezeichnete man den Hufbeschlag als notwendiges Übel, um lahme oder fühlige Pferde wieder auf die Beine zu stellen, damit sie ihre damalige Funktion als Produktionsmittel weiterhin erfüllen konnten.

Heute weiß man, dass der Hufbeschlag eine Reihe negativer Konsequenzen haben kann:

- Durch das starre Eisen und die übermäßige Fixierung durch die Hufnägel wird der Hufmechanismus, das heißt das Weiten der Hornkapsel mit Abflachen der Sohle im Moment des Auffußens, radikal (um cirka 80 Prozent) eingeschränkt. Ohne die elastische Beweglichkeit des Barhufes funktioniert jedoch auch die natürliche Stoßdämpfung nur noch zu etwa 20 Prozent. Jeder Aufprall auf hartem Boden überträgt sich also nahezu ungehindert auf die darüber liegenden Gelenke und kann diese auf Dauer schädigen. »Gelenkserkrankungen und damit verbundene Lahmheiten sind heute die häufigsten athletischen Verletzungen bei beschlagenen Sportpferden«, so Jerry Black, Präsident des Pioneer Equine Hospital in Oakdale, California.
- Durch die nur noch sehr begrenzte Verformungsmöglichkeit der Hornkapsel wird die Durchblutung des Hufes erheblich behindert. Dadurch wird nicht nur der Tastsinn als natürliche Schutzmaßnahme beeinträchtigt, sondern auch ein vermindertes Hornwachstum und eine stark reduzierte Nerventätigkeit, was zur Folge hat, dass etwaige beginnende Schädigungen im Hufinneren nur noch bedingt oder gar nicht mehr wahrgenommen werden.
- Der Hufbeschlag kann ferner zu Zwanghufen führen, da der Huf aufgrund des fixierten Eisens beim Nachwachsen nicht breiter werden kann.
- Schließlich stellt das Hufeisen ein nicht zu unterschätzendes Zusatzgewicht dar, welches den Huf in der Bewegung zusätzlichen Fliehkräften aussetzt.

Jeder verantwortungsbewusste Pferdehalter sollte sich darüber im Klaren sein, dass der Hufbeschlag Hufschädigungen nicht nur kaschiert, sondern die Hufe auch krank machen kann. Ziel sollte es also sein, die natürliche Funktionstüchtigkeit des Barhufes wieder herzustellen beziehungsweise zu erhalten.
In der Umstellungsphase vom beschlagenen Huf zum gesunden, belastbaren Barhuf oder in Zeiten außergewöhnlicher starker Beanspruchung auf ungewohnt hartem Untergrund können anschnallbare Hufschuhe gute Dienste leisten. Da Hufschuhe nur während des Reitens und/oder Trainings zum Einsatz kommen, hat das Pferd in der übrigen Zeit genügend Gelegenheit, sich an das Barhuflaufen auf entsprechenden Böden zu gewöhnen.

Pferdehaltung im Umbruch: Konsequenzen des Klimawandels

Der Begriff »Klimawandel« beschreibt sowohl die noch zu unseren Lebzeiten stattfindende globale Erwärmung als auch allgemein eine Klimaveränderung auf der Erde über einen längeren Zeitraum. Als globale Erwärmung wird besonders die durch Menschen verursachten (anthropogenen) Veränderungen des globalen Klimas bezeichnet. Diese Veränderungen bestehen nicht nur aus dem Anstieg der Durchschnittstemperatur auf der gesamten Erde, sondern aus einer Vielzahl weiterer globaler, regionaler und lokaler Phänomene. Ihre Ursachen liegen hauptsächlich im Verbrennen fossiler Energieträger und in den daraus resultierenden Emissionen von Kohlenstoffdioxid (CO_2) sowie in der Freisetzung weiterer Treibhausgase.

Aber wie könnten sich die Wetterveränderungen auf die Sicherheit und Gesundheit der Pferde auswirken? Lässt sich die globale Erwärmung und damit ihre lokalen Begleiterscheinungen wie Sturm, Hitzewellen, Trockenheit im Sommer und Nässe im Winter konkret als Risiken für das Pferd einstufen? Und was kann man dagegen tun?

Nicht immer sind die Folgen des Klimawandels so eindeutig sichtbar wie hier.

Zunahme von Wind und Sturm

Da sich der europäische Kontinent stärker erwärmt als die Gebiete über dem Ozean, entstehen größere Temperaturunterschiede. Da auch der Wasserdampfgehalt zunimmt, kommt es zu immer stärkeren Stürmen vor allem im nördlichen Mitteleuropa und in Nordeuropa. Dabei ist in Deutschland besonders die Nordseeküste betroffen (Quelle: www.unwetter.de).

Unterstände aus Leichtbauweise werden durch die vermehrte Sturmneigung zukünftig nicht mehr eingesetzt werden können.

Stürme sind im Pferdegeschehen eine sehr unerfreuliche Erscheinung. Nicht nur beim Reiten im Wald stellen sie wegen der Möglichkeit des Holzbruchs eine große Gefahr dar, sondern viele Pferde reagieren auch schreckhaft auf herumfliegende Plastikplanen, flatternde Kunststoffummantelungen von beispielsweise Silageballen oder die entsprechende Geräuschentwicklung in Reithallen, was bereits zu schweren Reitunfällen geführt hat.
Im Stall können Stürme ebenfalls große Probleme bringen, besonders bei der Offenstallhaltung mit mehreren Ein- und Ausgängen. Selbst die schwersten Streifenvorhänge aus durchsichtigem Kunststoff nützen bei starkem Wind kaum etwas und die Zugluft kann ungehindert durch die Innenräume strömen. Man wird wohl in Zukunft nicht umhin kommen, die vermehrte Sturmentwicklung in solchen pferdefreundlichen Stallanlagen durch zusätzliche Windschutznetze im Außenbereich abzumildern.

Auch Weideeinzäunungen aus Elektro-Breitband sind sehr sturmgefährdet, wenn mobile Kunststoff-Pfosten verwendet werden. Nicht selten reißen die E-Bänder, die dünnen Pfosten brechen und der ganze Zaun liegt platt auf dem Boden. Hier müssen zukünftig wohl mehr Festzäune errichtet werden.

Einfluss des Makroklimas auf Meso- und Mikroklima

Das Mikroklima beschränkt sich auf wenige Meter bis einige Kilometer, zum Beispiel auf Pferdeställe, Paddocks, Wiesen und die nähere Umgebung. Das Mesoklima bezieht sich auf Landschaften oder Länder bis zu einigen hundert Kilometern Ausdehnung und das Makroklima beschreibt kontinentale und globale Zusammenhänge.
Verändert sich das Makroklima, hat das auch Auswirkungen auf die klimatischen Verhältnisse vor Ort (Mikroklima). Denn das Mikroklima beeinflusst außerdem die Bedingungen, die unmittelbar auf das Individuum einwirken und verändert beispielsweise die Luftfeuchtigkeit und Temperatur in Pferdeställen. Das Stallklima wird wesentlich durch die Windrichtung beziehungsweise Wetterseite, den Sonnenlichteinfall und die Lage des Stallgebäudes bestimmt. Bisherige Empfehlungen für die Anordnung von Stallgebäuden und Außenanlagen gingen davon aus, dass ein kontinuierliches Westwindband in Deutschland vorherrscht. Durch den Klimawandel verändern sich jetzt jedoch die Strömungen und Richtungen des Windes. So kann nicht mehr unisono vorgeschlagen werden,

Gebäudelängsachsen parallel zur Windrichtung (Ost-West-Richtung) anzuordnen mit dem Vorteil eines geringeren Insektenaufkommens und mehr Luftbewegung (Wind streicht an den langen Seiten entlang). Es muss in Zukunft wohl umgedacht werden und zwar dahingehend, dass im Vorfeld eines Stallbaus zunächst das Meso- und Mikroklima beobachtet werden muss, um Rückschlüsse auf den geeigneten Ort und die Lage von Gebäuden, Dungstätten und Außenanlagen zu erhalten.

Häufiger Starkregen überschwemmt Weiden und vermatscht Reitplätze und Paddockflächen.

Vermehrt Regen im Winter

Der lange und strenge Winter 2005/2006 bestätigt nicht gerade die Prognosen der Klimaforscher, die Winter würden zunehmend wärmer und regenreicher. Viele sagen dennoch, dass solche Ausreißer nicht untypisch für die kontinuierliche Erwärmung wären. Wenn wir also davon ausgehen, dass die Winter der nächsten Jahre und Jahrzehnte bis auf wenige Ausnahmen tatsächlich milder und nasser werden, welchen Einfluss könnte das auf die Pferdehaltung haben? Tiefe Matschpaddocks, durchnässte Pferdeweiden und stehendes Wasser auf Reitplätzen erfordern dann nicht nur einen vermehrten Instandhaltungsaufwand, sondern sind auch ungünstig für die Sehnen und Bänder der Pferde, provozieren Mauke und Strahlfäule und bedeuten einen erhöhten Pflegeaufwand. Auch vermatschte Reitwege, die – falls es zu Frost kommt – zu fast unüberwindlichen Stolperpisten werden, erleichtern nicht gerade die Ausritte im Winter.

Zunehmende Hitzewellen

Auch die steigenden Lufttemperaturen – und hier besonders die Hitzewellen – können Gesundheitsrisiken darstellen. Hitzewellen werden laut Klimaforscher öfter auftreten, während extreme Kälteereignisse seltener würden. Pferde, die bei hohen Temperaturen Dauerleistungen erbringen müssen – beispielsweise bei Distanzrennen – kämen dann eher in die Gefahr eines Hitzschlags.
Seit 2005 gibt der Deutsche Wetterdienst regionale Hitzewarnungen heraus. Mit dem Warnsystem will man die Zahl der Todes- und Krankheitsfälle bei Hitze verringern. Anlass für die Entwicklung des Warnsystems war der heiße Sommer 2003, in dem allein in Deutschland mehr als 7000 Menschen und vermutlich noch mehr Tiere Opfer der hohen Temperaturen wurden.
Hitzewellen forcieren das Schwitzen bei Sportpferden und provozieren Calciummangel und Dehydrierung.

Vermehrtes Insektenaufkommen

Durch die Klimaerwärmung kommt es zu einer weiteren Verbreitung wärmeliebender Insekten wie Mücken (und hier besonders die Gnitze), Fliegen und Zecken in allen Gebieten, auch in kühleren Regionen Norddeutschlands oder den Alpen. In Berggebieten dringen bestimmte Insektenarten in immer höhere Lagen vor und in Mitteleuropa breiten sich zahlreiche Arten nach Norden aus. Dies betrifft insbesondere Arthropoden, die besonders schnell auf klimatische Veränderungen reagieren.

Die Zahl der Insekten wurde in Deutschland besonders durch harte Winter begrenzt. Werden diese milder, so die Biologen, können sich Fliegen und Zecken stärker vermehren und Infektionen verbreiten. Auch die Saison der Plagegeister hat sich nach Angaben eines Insektenforschers verlängert. Normalerweise hörten etwa Gnitzen – sehr kleine Stechmücken, die die Allergie »Sommerekzem« auslösen – Ende Oktober auf zu fliegen, sagt der Düsseldorfer Professor für Zoologie und Parasitologie, Heinz Mehlhorn. Sogar Mitte Dezember 2006 wurde die Gnitze noch beobachtet, wenn auch nicht in großen Mengen: »Die haben ihr »Geschäft« auf Wunsch der Natur noch einmal verlängert«, erklärte der Forscher der Heinrich-Heine-Universität.

Wissenschaftler der Uni Southampton in England haben Fliegen-Fallen auf mehreren Gestüten aufgestellt und die Zahl der Tiere mit den Aufzeichnungen der Wetterstation verglichen. Je wärmer es wurde, desto schneller entwickelten sie sich. Ein Computermodell,

Die Insektenplage wird immer stärkere Ausmaße annehmen.

das mit diesen Daten gespeist wurde, ergab eine Vervielfachung der Fliegenpopulation bei zukünftig höheren Außentemperaturen. Amerikanische Wissenschaftler aus Harvard wiesen gleichzeitig nach, dass auch das Verbreitungsgebiet der Zecken in den nächsten Jahrzehnten stark wachsen werde.

Ein effektiver Insektenschutz für Pferde wird also in Zukunft weitaus notwendiger sein als bisher.

Veränderungen des Grünlandes

Das Saatgut von Weidegräsern wird bereits seit geraumer Zeit auf den Klimawandel vorbereitet. So konnte man schon vor Jahren auf der Homepage der Saaten-Union lesen, dass sie bereits bestimmte Weidelgrassorten für den Klimawandel entwickelt haben. Besonders betroffen sei die Bergwelt Europas wo – je nach den Szenarien mit einem angenommenen Anstieg der Temperaturen zwischen 1,8 und 3,6 Grad Celsius – bis zum Jahr 2080 schätzungsweise 42 Prozent der Pflanzenarten verschwinden könnten. Die Forscher sagen der europäischen Naturlandschaft eine tief greifende Veränderung voraus. »Im Norden Europas wird man viele Pflanzenarten aus den gemäßigten Klimazonen finden, während die Mittelmeer-Flora sich nach Zentraleuropa ausdehnen wird«, heißt es in einer Studie des Forschungsinstituts für alpine Ökologie in Grenoble.

CO_2 bringt Pflanzenblüte durcheinander

Allgemein lässt die globale Erwärmung Gräser und Kräuter früher blühen. Ein zunehmender Gehalt von CO_2 in der Luft macht die Sache allerdings noch komplizierter: Mehr davon in der Luft führt je nach Gräserart zu unterschiedlichen Verschiebungen und kann eine bislang unbekannte Konkurrenz zwischen ihnen auslösen.

Eine amerikanische Forschungsgruppe um die Biologin Elsa Cleland (Stanford Universität) fand heraus, dass sich bei einer Steigerung der Konzentration von Kohlendioxid in der Luft die Blütephasen verschiedener Pflanzengruppen gegeneinander verschieben. So kommen bestimmte Wildblumen früher als normalerweise zur Blüte, wenn sie mehr CO_2 in der Luft ausgesetzt werden. Das Problem dabei ist, dass sich die Pflanzen dann gegenseitig Konkurrenz machen, obwohl die Natur das ursprünglich gar nicht vorgesehen hatte: Unter Normalbedingungen blüht das Gras deutlich vor bestimmten Blumen, um einen Wettbewerb bezüglich der Versorgung mit Nährstoffen zu vermeiden. Die Verschiebung könnte beide zukünftig gleichzeitig blühen lassen und so das ganze, empfindlich aufeinander eingespielte Ökosystem bedrohen.

Für Gräser und Kräuter bedeutet der Klimawandel in erster Linie Stress: zu wenig Wasser in Dürreperioden und dann plötzlich viel zu viel Wasser, wenn ein Starkregen niedergeht. Je größer die Wetterextreme werden, je heftiger die Schwankungen zwischen warm und kalt, trocken und nass, desto schwieriger wird das Überleben für die Gräsergemeinschaft. Den steigenden Stress für die Gräser haben Wissenschaftler im Botanischen Garten in Bayreuth simuliert. Mit Plastikplanen haben sie wochenlang den Regen von ihren Versuchsflächen abgehalten, dann wurde die Vegetation einem künstlichen Starkregen ausgesetzt. Geforscht wurde an verschiedenen Feldern: Zwei unterschiedliche Grasarten teilten sich eine Fläche, daneben wuchsen mehrere Sorten bunt durcheinander. Alle Gräser wurden dann abwechselnd ausgetrocknet und überschwemmt, um zu sehen, welche Bedingungen sie noch ertragen konnten. Das Ergebnis war, dass gerade die sonst so widerstandsfähigen, energiereichen Kulturgräser unter dem Wetterstress litten. Dort, wo nur zwei Grasarten wuchsen, waren die Schäden am größten. In dem Feld mit mehreren Sorten konnten sich die Gräser besser halten, da sie sich wegen ihrer unterschiedlichen Wurzeltiefe die Ressourcen des Bodens besser teilen konnten. Denn tief wurzelnde Gräser transportierten Wasser nach oben und versorgten so die flach wurzelnden mit.

Dadurch wird sich – so die Forscher – die Gräsergemeinschaft dahingehend verändern, dass Monokulturen – also energiereiche Wiesen mit ausschließlich Weidelgras und Klee – die Einflüsse des Klimawandels schlechter verkraften als Wiesen und Weiden mit artenreicheren Gräsern und Kräutern, die für Pferde geeigneter sind. Das hätte dann zumindest einen Rückgang dieser energiereichen Gräser zur Folge.

Allerdings: Gräser, die unter Stress leiden – beispielsweise durch lange Trockenperioden – produzieren als Energiespeicher vermehrt den Zuckerstoff Fruktan, der erwiesenermaßen zu Hufrehe führen kann. Es bleibt daher zu vermuten, dass infolge der klimatischen Veränderungen die unter vermehrtem Stress stehende Gräsergemeinschaft diesen für Pferde bedenklichen Zuckerstoff dann auch zunehmend produziert beziehungsweise weitere Stoffe zur Resistenzverstärkung in die Kulturgräser hineingezüchtet werden, die der Gesundheit der Pferde erheblich abträglich sein könnten.

! Besonders der Osten ist betroffen

Eine vom Umweltbundesamt in Auftrag gegebene Studie gibt Hinweise, dass neben dem Südwesten besonders Teile Ostdeutschlands und die Alpen am anfälligsten für den **Klimawandel** sind. Die mittleren Jahrestemperaturen werden danach im Jahr 2100 um 2,5 bis 3,5 Grad höher liegen; mit über 4 Grad fällt die Erwärmung im Winter in **Süd- und Südostdeutschland** besonders stark aus. Die Folgen sind je nach Jahreszeit unterschiedlich. Im Sommer könnten die Niederschläge im Südwesten und Nordosten um bis zu 30 Prozent zurückgehen, woraus verstärkte Dürreperioden resultieren. Im Winter hingegen wird es in ganz Deutschland feuchter. In den südlichen Mittelgebirgen dürften die Niederschläge um ein Drittel zunehmen. Schnee wird es weniger geben.

Eine Studie des **Potsdam-Instituts für Klimafolgenforschung (PIK)** dekliniert die Situation beispielhaft für das Land Brandenburg im Jahr 2055 durch. Die Erwärmung hat da bereits spürbare Folgen: Brandenburg kommt noch stärker unter den Einfluss kontinentalen Klimas. Das Land wird spürbar trockener, und die Probleme mit dem Wasser wachsen. Zudem verschieben sich die Niederschläge im Jahresverlauf. Im Sommer sinken die Niederschläge deutlich, im Winter nehmen sie leicht zu.

(Quelle: BUNDmagazin, 3.06).

Allergien: Klimawandel begünstigt Gräser-Pollen

Wie Forscher der Universität Harvard jetzt errechnet haben, werden bis Mitte des Jahrhunderts wesentlich mehr Gräser-Pollen durch die Luft fliegen. In Zuchtversuchen pflanzten die Harvard-Forscher Traubenkraut in Behältern, deren Luft mit der doppelten Menge Kohlendioxid angereichert wurde. Die Pflanzen produzierten daraufhin 61 Prozent mehr Pollen, schreiben die Forscher im Fachblatt »Annals of Allergy, Asthma, & Immunology«. Schon heute macht der Pollenflug kaum mehr eine Winterpause. In naher Zukunft wird er ganzjährig stattfinden, was auch die Haltung allergischer Pferde entsprechend beeinflussen wird.

Ozonlöcher und UV-Strahlung

Die Klimaerwärmung und der Treibhauseffekt stellen besonders günstige Bedingungen für den Ozonabbau in der Stratosphäre her (Quelle: Atmosphärenphysiker Paul Newman, Goddard Space Flight Center der NASA). Und wenn die Ozonkonzentration zu gering ist – wie bereits massiv über dem Nordpol, der Antarktis und Neuseeland festzustellen – dringen UV-B-Strahlen in großen Mengen zur Erdoberfläche. Dieser Vorgang wird »sonnenbrandwirksame Strahlung« genannt. Wenn Pferde dann zu lange der Sonne ausgesetzt werden, können sie Sonnenbrand, Kopfschmerzen, Sonnenallergie, Haut- und Augenprobleme bekommen.

Den neuseeländischen Pferden macht das Ozonloch bereits heute sehr zu schaffen. Im Frühjahr und Herbst – besonders zwischen September und Oktober – öffnet sich das Ozonloch und schiebt sich über Neuseeland. Man sieht jetzt schon kaum ein Weidepferd in Neuseeland ohne eine leichte Neuseelanddecke zum Schutz gegen UV-B-Strahlen. Mittlerweile hat sich sogar der deutsche Markt darauf eingestellt und bietet Pferdedecken mit UV-Schutz an (Originaltext Hersteller: »Zwei Probleme gelöst mit einer Decke: Der UV-Schutz hält die Sonnenstrahlen ab, und die Körpertemperatur Ihres Pferdes bleibt angenehm kühl«).

! Klimawandel war Schuld am Aussterben von Wildpferden

Wildpferde in Alaska sind einer US-Studie zufolge durch einen Wechsel des Klimas ausgestorben und wurden nicht vom Menschen ausgerottet. Bisher war es umstritten, ob das Klima oder der Mensch für das Aussterben vor rund 12.500 Jahren verantwortlich war. **Dale Guthrie** von der University of Alaska in Fairbanks fand nun heraus, dass die Körpergröße der Wildpferde durch den Klimawandel und das **veränderte Nahrungsangebot** im Laufe der Generationen zunächst um zwölf Prozent schrumpfte. Zudem seien sie mindestens 500 Jahre, bevor die ersten Menschen Alaska besiedelten, ausgestorben, berichtet der Wissenschaftler im britischen Fachblatt »Nature«. Dies seien starke Hinweise dafür, dass ein **Klimawechsel** das Aussterben verursacht habe. Guthrie konnte die untersuchten Pferdeskelette mit der Radiokarbon-Methode auf 130 Jahre genau datieren. Durchschnittlich waren die dort ansässigen Pferde vor 25.000 Jahren 2,10 Meter (!) groß, die aussterbenden Pferde vor 12.500 Jahren nur noch 1,90 Meter (!). Durch die Anatomie der Skelette und Analysen der DNA ist die Abstammung der Pferde vom eurasischen Wildpferd Equus ferus belegt. Der Klimawechsel verursachte zunächst die Veränderung der Vegetation Nordamerikas. Tundra verdrängte zunehmend die Steppe. Die Pferde reagierten darauf, indem sie dann stetig kleiner wurden. Dass allein Steppengrasmangel die Pferde als Nahrungsspezialisten dahingerafft hat, bezweifelt der Wissenschaftler zwar weiterhin. Er belegt jedoch erstmals, dass sie nicht durch Jagd oder andere menschliche Eingriffe ausgestorben sind

Stroh, Hafer, Hobelspäne: Massiver Preisanstieg

Der Klimawandel ist auch für eine veränderte Energiepolitik ursächlich. Weg von umweltbelastenden Energieerzeugern wie Kohlekraftwerken, hin zu alternativen Energiegewinnungen wie Biogasanlagen, in denen auch Holzprodukte wie Hobelspäne und Holzhackschnitzel verwendet werden. Gerade die Holzhackschnitzel erfuhren in den letzten Jahren einen enormen Preisanstieg. Hinzu kommt, dass im Zuge dieser Entwicklung viele Sägewerke nicht mehr auf den Absatz durch Stallbetreiber angewiesen sind und dadurch auch die Holzarten nicht mehr getrennt verarbeitet werden. So landen auch für Pferde giftige Hölzer in den Gemischen und sind als Bodenbelag nicht mehr geeignet.

Des Weiteren wird zur Energiegewinnung auch vermehrt Getreide genutzt. So stiegen die Preise für Hafer 2008 um fast 50 Prozent und für Stroh sogar um das Doppelte. Selbst der jahrelange Anbauversuch mit Winterhafer brachte keine Besserung der Versorgungslage, da die für das Wachstum erforderliche Winterhärte wegen der milden Temperaturen nicht mehr in ausreichendem Maß gegeben ist. In einigen Regionen Deutschlands war der Strohpreis sogar genauso hoch wie der für Heu. Inzwischen sind in Deutschland großflächig weitere Strohkraftwerke in Planung, die die Versorgung zusätzlich erschweren und die Preise noch weiter in die Höhe treiben werden. Obendrein ist diese Energiepolitik nicht wirklich umweltfreundlich, auch wenn es auf den ersten Blick so erscheinen mag. Denn abgesehen von der Perversion, Nahrung in Energie umzuwandeln, statt sie zu essen (insbesondere angesichts der steigenden Weltbevölkerung und wachsender Hungersnöte), ist für die Produktion von beispielsweise Biodiesel wiederum unverhältnismäßig viel Energie erforderlich. Anstatt also tatsächlich umweltverträgliche, regenerierbare Energiequellen wie Wind, Wasser, Sonne und Erdwärme zu nutzen und nachhaltig zu fördern, werden dagegen großflächige Monokulturen angebaut, für die zum Beispiel in Brasilien täglich viele tausend Hektar Regenwald abgerodet werden (Zuckerrohranbau für Biodiesel). Ohne die »grüne Lunge« der Erde aber wird der Klimawandel mit all seinen Konsequenzen nicht gestoppt, sondern nur schneller voranschreiten.

Der Preis von Holzhackschnitzeln war noch nie so hoch wie heute.

Schlusswort

»Nachgetreten«

»Lebst Du schon oder wohnst Du noch?«, lautet der ungewöhnliche Werbeslogan eines bekannten schwedischen Einrichtungshauses, mit dem uns geschickt mitgeteilt wird, dass die Verbesserung unseres Wohnbereiches ein Mehr an Lebensqualität bedeutet. Ähnlich verhält es sich bei unseren Hauspferden: Nur wenige leben schon so, wie sie sollten und wie es ihnen zusteht, der weitaus größere Teil aber »wohnt« noch, sprich ist eher schlecht als recht untergebracht.

In diesem Buch wurde versucht, einige Fehler und Irrtümer, Vorurteile und Klischees klarzustellen, die artgerechten Haltungsbedingungen oft im Wege stehen. Vielleicht konnte es dem einen oder anderen Pferdehalter helfen, seinen Blick zu schärfen und die Welt ein bisschen mehr mit den Augen seines Pferdes zu sehen.

Aber auch, wenn die gedankliche Einsicht zur Veränderung da ist, fehlt noch der entscheidende Teil: die praktische Umsetzung der Haltungsverbesserung. Und genau hier wird es bei vielen wieder hapern mit der Konsequenz, dass viele unserer Pferde weiterhin »wohnen« müssen und nicht »leben« dürfen.

Deshalb sollten wir uns einen Ruck geben und unsere Gedanken zum Wohle der Pferde ordnen und ausrichten. Denn »geht nicht«, gibt's nicht! Es gibt nur: »Es ist schwierig« und das geht!

Setzen Sie aufs richtige Pferd!

CAVALLO bringt frischen Wind in die Reiterszene. Jedes Heft bietet Dutzende von Ratschlägen, wie Sie Ihr Pferd besser verstehen, füttern oder erziehen können. Oder wie Sie seine und Ihre Leistung steigern. Und deshalb angenehmer reiten.

CAVALLO packt gern heiße Eisen an.

CAVALLO testet jeden Monat neue Reitschulen und schreibt, was sie taugen.

CAVALLO testet Sättel, untersucht Futter oder berichtet über die neuesten Entwicklungen der Pferdemedizin.

Wir schicken Ihnen gern ein Heft zum Testen. Kostenlos natürlich! Postkarte genügt – oder Fax oder e-mail schicken.

CAVALLO, Scholten Verlag,
Postfach 10 37 43, D-70032 Stuttgart,
Fax (0711) 236 04 15
e-mail: redaktion@cavallo.de
Internet: www.cavallo.de

CAVALLO

Das Magazin für aktives Reiten